質感甜點
層層解構

The Elements
of
Dessert

立體剖面全圖解

從培育世界冠軍師傅，到培育冠軍級青年學子

2017 年起，我們陸續出版了《做甜點不失敗的 10 堂關鍵必修課》、《金牌團隊不藏私的世界麵包全工法》、《料理不失敗 10 堂必修課》、《最強技法！職人級中式點心全圖解》四本暢銷書，也應出版社的邀約，出版了教科書《西餐熟調實習》從甜點、麵包、中餐、中點及西餐各個領域，我們秉持著對餐飲不曾改變的理念與精神，不藏私地分享開平餐飲的教學祕訣，期望將正確的餐飲觀念、知識與技藝，傳遞給每一個人。

今年，我們再推出由德國 IBA 世界甜點大賽冠軍彭浩主廚著作的《質感甜點層層解構立體剖面全圖解》，透過分層拆解、層層解構，要讓讀者能夠秒懂如何從甜點的製作過程中，將外型、風味與質地做出冠軍級的美味。彭浩主廚於開平餐飲學校任教十多年來，除了擔任烘焙行政主廚，指導烘焙班學生各項技能及比賽技巧，累積教學經驗外，也在學校的積極推動及鼓勵下，參與多項國內外競賽屢獲 佳績，更於 2015 年德國 IBA 世界盃西點大賽榮獲世界冠軍，也是台灣第一次奪冠。2020 年指導開平餐飲學生拿下 IBA-UIBC 點心大賽台灣代表選拔賽冠軍，也將代表台灣遠征德國為國爭光。

開平餐飲學校深耕餐飲教育多年，具備國際等級的餐飲專業課程以及豐沛的國際交流資源，不僅成為世界廚師協會 Worldchefs 唯一認證高中，屢屢在世界重量 級比賽獲得獎項肯定。我們不教食譜，而是教學生掌握料理的工法及知識概念、原理原則，透過融會貫通，就能靈活應用於料理之中，擁有職人的專業。因此，我們一系列的專業餐飲書籍，不是教導制式的料理操作驟，而是在工法精髓的傳授，讓閱讀此書的讀者從中領略烹飪的樂趣，創作出屬於自己的美味生活！

吃甜點從來不是為了飽足感，而是在享受品嘗的過程，因此要讓甜點好吃，除了食材的選擇、還包含了製作工序、技巧視覺設計……等等，現在透過世界冠軍主廚層層的剖析解構，手把手的帶領學習製作冠軍級甜點的關鍵技巧，期待您也能和我們一起愛上美食文化，復刻出屬於自己的金牌美味。

開平青年發展基金會
夏豪均

甜點，
我的摯愛！

通往冠軍甜點這條路，二十多年來陪伴我的，始終是一份熱情，信仰，以及一份不可撼動的執著！

感謝開平青年發展基金會夏豪均主委，合作促成質感甜點/層層解構的出版！

書寫質感甜點/層層解構的初衷，是想將自己多年來甜點教學製作的實務經驗做一個分享與紀錄，呈現出各種甜點的美好質感與不同風味的層層組合，藉由解構式的圖文製作述說，讓讀者更能了解甜點風味層次該有的結構。

書中所呈現的作品，推廣呈現原味，經典創新的製作甜點理念。

詳細敘述製作過程各項重點，讓讀者瞭解不同甜點的經典原味，學會搭配各種風格，能創新出適合自己的甜點。

學習甜點的起點，是從帶著未知開始的。

小時候對於進廚房做菜很感興趣，跟著家中長輩學習了不少菜餚製作。

但是對於如何正確製作甜點依然是個解不開的謎團，當時的時空背景，還未進入網路發達時代，製作甜點的資訊少的可憐，想要正確學習甜點製作就得進入正規的餐飲學校學習，或者投入烘焙業界工作。

於是帶著探索學習製作甜點的初心，為了解開心中的甜點謎團，踏入了伴隨我一生的甜點領域。

呈現原味，經典創新，是我製作甜點的理念。

關於如何呈現原味，各國的甜點都是古典流傳下來的技術，需先去了解各個甜點不同的脈絡與典故，進而去理解各個國家的風土與文化，才有可能掌握到各國甜點想傳達的精隨與味道。

對於如何經典創新，首先要懂得堅持經典原味，再從中開創出新的口味與層次，個人詮釋的方法是經典的部分至少要佔七成，剩下的三成才是創意發揮的空間。

能夠呈現經典原味就是基本功，製作甜點時味覺的呈現也許是 1＋1，或者是 1＋2，但是基底的 1 是不會變的。

例如說製作歌劇院蛋糕，基本的味覺呈現是咖啡奶油霜與巧克力甘納許，蛋糕基底是杏仁海綿蛋糕，這些素材與口味就是歌劇院蛋糕的原味經典，若要創新就可以加入一些新的味道，也許在咖啡奶油霜裡面加入一些香草，巧克力甘納許加入焦糖海鹽，這樣就能創造出嶄新的風味。

再以千層酥來說，酥皮的層次看起來都差不多，有什麼好創新的？但還是有很多甜點師傅在鑽研製作方法，不外乎是要追求更好的外觀、口感、組織、酥脆度等等，而這就是創新，就是對於經典的研究精神。

關於參與甜點競賽的製作建議，參加甜點比賽是一種為自己設定目標很好的方式，因為各項國際賽舉行的時間點很明確，若知道明年有賽事，今年就可以開始練習與準備。

以 IBA 世界盃西點大賽來舉例，比賽的項目需製作大型工藝品、小型肖像、國家特色蛋糕、法式小蛋糕、手製巧克力，各個項目在味覺與視覺呈現都是一大挑戰。

依照過去台灣隊參加世界甜點賽的經驗，往往在蛋糕味覺的分數上沒能拿到高分，因此要針對自己的弱項去加強，要去了解到各國評審對於甜點的喜好，去做出能獲得評審認同與賞識的甜點作品，本書中記錄的開心果芝麻芒果慕斯就是在國家特色蛋糕項目得到滿分的冠軍作品。

經過不斷的學習與累積經驗，時至今日，終於一步一步解開了對於如何製作甜點的謎團，當然過程中也有失望與難受的時候，但是依然不會忘記第一次做出手製巧克力的感動，與逐步破解製作各國特色甜點的快樂。

謹記堅持自己對甜點的熱情與信仰，讓不可撼動的執著陪伴自己成長茁壯。

希望這本我摯愛的質感甜點/層層解構，能傳遞出製作甜點帶來的幸福感。

彭浩

目　次

序章

通往甜點殿堂
的試煉

來說，非常重要，所以絕對不能光用想像的，而是要徹底瞭解。

其次是堅果。這類食材包括杏仁、核桃、花生、芝麻、開心果等等都屬於堅果類，先從去瞭解它的原味、它的調味，做成糖果時是什麼味道？做成堅果醬是什麼味道，跟水果的概念一樣，都要透過味覺去好好體驗。

再來是糖類。糖類真的有很多，比較粗略的去歸納一下，像是細砂糖、楓糖、蜂蜜、海藻糖、三溫糖、二砂、初階糖等等，此外，還分成不同國家，比如台灣的砂糖、日本的砂糖、美國的砂糖、美國的糖粉、台灣的糖粉等等風味也不同。

以製作甜點時，使用率高的細砂糖來說，用原料來分，比如說蔗糖，跟用製法來分，像是精緻糖、加工糖等等，種類非常多，所以它也是一個值得去深究的類別。

延伸到巧克力，巧克力基本上分為3種。黑巧克力、牛奶巧克力、白巧克力，不過現在有新出來一種粉紅色的巧克力。同樣的，我們要先弄懂巧克力的分類，再去思考怎樣去做味覺開發？不同品牌的巧克力就有不同的風味，因為巧克力的原料是可可，而原料經過各個廠商的製作、調配的風味，以及添加香料比例的不同，吃起來就會完全不一樣。就像是我們每天喝的咖啡，那些咖啡豆都一樣嗎？其實都不同。因為有不同的產地、有不同的處理方式，比如有些用日曬、有些用水洗，還有產在莊

園、產在不同的海拔等等不同的生長條件，就會有很大的差距。

巧克力也是同樣道理，目前來說主流的大概有五、六家，如果能把他們所出產的巧克力風味都搞懂了，那麼你做出來的巧克力就會好吃。

另外一個範疇就是香料類。香料用來做菜、做甜點都有，基本上可以做甜點的香料非常多，比如說薰衣草、洋甘菊、馬鞭草、迷迭香，還有書上用到的八角、小茴香、百里香這些都可以。在製作甜點時經常會使用到哪些香料？使用的是花、根莖、還是葉子？相信多去深入研究，對於味覺開發絕對有很大的幫助。

我想，大致上如果能把這5大類別多加鑽研，了解他們的味道，還有適合組合的方式，相信在味覺開發這個課題上就沒問題了。

打破傳統框架做出與眾不同的美學設計思維是什麼？

甜點的設計思維，我想絕大部分是要看甜點師個人喜歡的風格而定。

前幾年有一個法國甜點師，他最有名的甜點就是能把甜點外型做的跟水果一模一樣，比如說做成檸檬、柳橙、蘋果，外型上難辨真偽跟真的一樣，也沒

關於食材，
你應該先知道
這些事！

製作甜點時，必要的食材包括麵粉、奶油、糖、蛋、牛奶或是鮮奶油等等一定要事先準備好，以便讓製作的流程更為流暢。

麵粉的選擇

製作甜點時，通常會選擇低筋麵粉來進行。中筋麵粉或高筋麵粉不適用於製作甜點，是因為其筋性較高，所以中筋麵粉大多都用來製作包子，高筋麵粉則大多用來製作麵包，那如果用高筋麵粉來製作甜點呢？結果就是口感會很硬，這是因為筋度、蛋白質的含量，會決定蛋糕的柔軟度。

低筋麵粉由於筋度本來就偏低，不像做麵包時比較會考慮到筋性較好的麵粉來製作，所以選購低筋麵粉比較沒有品牌上的差別。但如果要細緻一點的口感或保濕性好的，可以考慮選擇日本麵粉，它的粉性比較細緻，保濕性也相對比台灣產的低筋麵粉來得好，不過價位上比台灣品牌的貴上許多。

無鹽奶油、有鹽奶油
該怎麼選？

市售奶油分為有鹽跟無鹽兩種。

皆屬於乳製品的一種，也都是從牛奶中分離出來的，乳脂含量約85％，而水分的含量大約在15％，被大量用在烘焙產品上，例如蛋糕、餅乾、塔派、奶酥餡等等。有鹽奶油因為含有鹽分，大多用在餅乾或是帶有鹹味的西點、糕餅上，這類的奶油，含水量比無鹽奶油稍高，所以使用時務必要先看一下食譜配方，才不會誤用。

關於糖的風味

糖是風味的來源，也是讓烤焙上色、讓蛋糕不老化的關鍵要素之一。

糖的種類很多，通常做甜點所使用的，以細砂糖較多。雖然糖粉跟細砂糖的甜度一樣，但細砂糖做出來的蛋糕口感比較好，不像糖粉做出來的，口感會粉粉的，化口程度沒那麼好。

而比較細緻，溶解較快的有日本的上白糖和三盆糖。如果有特殊風味需求，可以選擇黑糖。不過有些日本甜點，會用初階糖來取代黑糖。

所謂的初階糖是甘蔗或甜菜根在初步加工時所製成的粗糖。屬於細晶粒砂糖，與奶油一起打發時，溶解較快，也

比較保濕，所以製作出來的蛋糕，口感度更佳。尤其保存時間能更久，整體來說，甜度也比一般的精緻砂糖低，且保有蔗糖原始風味。

另外，製作甜點時，也會用到轉化糖漿，它是天然的糖，經過轉化後，由單糖變成雙糖，可以轉化蛋糕內部組織，增加蛋糕的保濕性，防止口感老化，達到延長保存期限的作用。

蛋 &牛奶的選購

蛋是讓蛋糕體積膨脹的最主要材料，利用攪拌讓空氣進入，就能讓蛋糕體積變得蓬鬆，打出細緻的泡沫。此

凝結，再升到32-33℃讓它融化，就可以進行操作，等它下降到26-27℃，就會慢慢凝固。

這就是一個基本的調溫動作，這個溫度適用於黑巧克力、牛奶巧克力、白巧克力大概都是用這樣子的溫度。

在製程中巧克力凝固了怎麼辦？

有時正在做裝飾片，而在製作的過程中，巧克力硬了或者又凝固了，這時該怎麼辦？作法一樣是拿回去微波加熱到32-35℃，把它融化到這個溫度帶再重新去做裝飾即可。

做巧克力裝飾要準備哪些東西？

這本書我們做了很多不一樣的巧克力裝飾，所以，要做巧克力裝飾前要準備什麼？首先一定要有黑巧克力、牛奶巧克力、白巧克力 3 種。

黑巧克力

又稱苦甜（黑、苦）巧克力、純巧克力，是由可可豆（可可膏）、可可脂、砂糖所組成。

牛奶巧克力

是由可可豆（可可膏）、可可脂、牛乳固形物、砂糖所組成。

白巧克力

是由可可脂、牛乳固形物、砂糖所組成。

其次是要把調溫這個基本功具備好，接著要有調色的基本觀念，本書用的是市售的調色可可脂，各種顏色都有。紅、橙、黃、綠、藍都有，你可以用三原色紅綠藍再去調出你要的顏色，再去做使用。

需要哪些器具？

一般會使用到的器具基本有，尺、小刀，用在巧克力凝固後，裁切成我們需要的形狀，還有用來塗抹的刷子、噴槍都是必備的。

另外，溫度計也很必備。不論是調溫或製作焦糖時能夠更精準的測定溫度，數位式溫度計，或者紅外線測溫槍都是不錯的選擇。

可可脂該怎麼使用？

可可脂的使用就是把它融化，用微波爐去把它融化就可以了，融化完之後用一些基本的工具比如說小噴槍、毛

PART 1

最多人想學的

蛋糕捲

經典生乳捲
〔 Fresh Cream Roll Cake 〕

來自日本的生乳捲，
芳醇且豐厚的自然風味，是甜點中的不敗存在，
一口咬下，那鮮奶油如白雪般的質地，一下子就化開！

剖面 *profile*

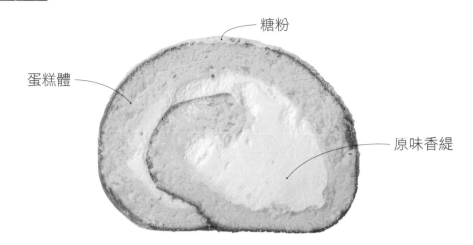

糖粉

蛋糕體

原味香緹

材料 *Ingredients*

【蛋糕體材料】

蛋黃	335g
蜂蜜	60g
細砂糖 (A)	70g
蛋白	300g
細砂糖 (B)	140g
全脂奶粉	15g
無鹽奶油	60g
動物性鮮奶油	75g
低筋麵粉	90g

【香緹材料】〈350g／捲〉

動物性鮮奶油	656g
細砂糖	51g

【裝飾材料】

防潮糖粉

【使用模具】

烤盤長	60cm＊40cm

主廚的實作筆記 Notes

‧很考驗基本功的經典生乳捲

「生」在日文意思就是新鮮的意思，經典生乳卷就是將內餡的鮮奶油呈現出有如新鮮鮮奶般美味。近年爆紅的生乳捲，蛋糕體表面需均勻上色，口感要呈現蓬鬆柔軟，內裏選用乳脂含量 35％以上的鮮奶油製作，整體要呈現出蛋糕 Q 彈柔軟，內餡有如新鮮鮮奶般美味，要做的完美真是不容易啊，蛋糕製作的祕訣就是嚴選雞蛋、麵粉等食材，蛋糕體加入蜂蜜保濕，再掌握好打發蛋白程度，與混合蛋黃麵糊的關鍵，先經由高溫烘烤蛋糕表皮，再把蛋糕悶熟，待蛋糕徹底涼透，再捲入打發鮮奶油，整體冰過後再切片品嘗，才能呈現出完美的經典生乳捲。看似簡單其實不簡單，很考驗基本功的經典生乳捲，讓許多烘焙初學者一再撞牆，成為專業甜點師的入門考驗，由經典生乳捲開始。

1 **打發蛋黃** 攪拌盆裡的油脂還有水分要先擦拭乾淨後,再放入蛋黃、蜂蜜、細砂糖(A),以快速打發至泛白後轉至中速打至全發。
打發前先進行「溫蛋」。也就是把冰箱取出的蛋黃、蛋白,以隔水加熱的方式到 40 度,再進行打發。

2 **蛋白打發至濕性發泡** 另取一個攪拌盆,放入蛋白、檸檬汁,打發至發泡後,加入 1/3 的細砂糖(B),以快速打發至有紋路後再分兩次加入打發至拉起時呈現鳥嘴狀。
蛋白中加入砂糖打發後的氣泡會更為細密且安定性高,要分成 2-3 次,邊加入邊打發,避免一次將砂糖倒入會導致蛋白濃度過高造成打發失敗。

3 **加入粉料** 將步驟 2 打發的蛋白分兩次加入打發的蛋黃中拌勻,以手拌方式,一邊篩入低筋麵粉、全脂奶粉一邊攪拌。

4 **加熱融化奶油及鮮奶油** 動物性鮮奶油與奶油煮熱,將部分糊以打蛋器稍微拌勻,再倒回麵糊中拌勻。將麵糊倒入鋪好烘焙紙的烤盤中抹平,並把空氣敲掉。

5 倒入鋪好烘焙紙的烤盤中　烤箱預熱好。以上火 200℃，下火 150℃烘烤 10 分鐘，將烤盤掉頭後改成上下火 150℃烘烤 3 分鐘。完成後放涼備用。

6 製作塗抹香緹　烘烤的時間可以製作香緹，把動物性鮮奶油加入細砂糖打發即可。檯面上鋪上白報紙將烤好的蛋糕體倒扣，去除烘焙紙，將香緹抹在蛋糕體上。香緹餡塗抹在蛋糕上時，要前端較厚後端較薄，從抹得較厚的那一邊開始捲。

7 捲蛋糕　將擀麵棍困放在白紙下方靠近自己的一側。先用一小段白報紙把擀麵棍包起來並壓緊，再與蛋糕一側一起上提往前下壓，慢慢把擀麵棍往前移動，同時要把擀麵棍往自己的方向捲，用尺放在擀麵的位置固定，讓蛋糕捲收口朝下靜置等待定型，冷藏後切成等量大小。

8 裝飾　最後在切成等段大小的蛋糕捲上撒上適量的防潮糖粉即完成。

草莓生乳捲

〔 Fresh Cream Swissv Roll Cake with strawberries 〕

用新鮮草莓熬製出來的果醬,與生乳捲真的很百搭,
抹上一層香緹,加上草莓醬與水果內餡,
捲製出爆漿款的濃郁滋味!

剖面 *profile*

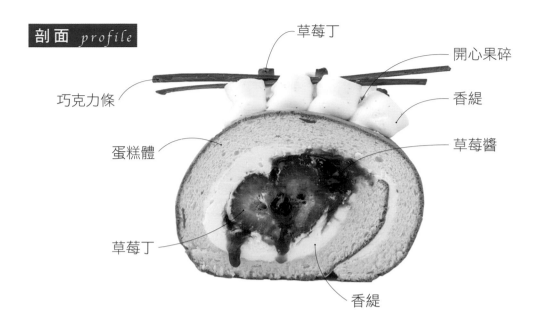

草莓丁

開心果碎

巧克力條

香緹

蛋糕體

草莓醬

草莓丁

香緹

材料 *Ingredients*

【蛋糕體材料】

蛋黃	335g
蜂蜜	60g
細砂糖 (A)	70g
蛋白	300g
細砂糖 (B)	140g
低筋麵粉	90g
全脂奶粉	15g
無鹽奶油	60g
動物性鮮奶油	75g

【草莓醬材料】

新鮮草莓丁	200g
草莓果泥	200g
細砂糖	230g
水	50g

【香緹材料】〈280g／捲〉

動物性鮮奶油	525g
細砂糖	41g

【內餡水果】

新鮮草莓	30 顆

【裝飾材料】

香緹
草莓丁
草莓醬
開心果碎
巧克力條

【使用模具】

烤盤長 60cm ＊40cm

主廚的實作筆記 Notes

曾經在草莓甜點專賣店工作，當時每日需面對數量龐大的新鮮草莓前處理，切塊、切片、切丁、切碎、無數日子的草莓裝飾前處理，練就了閉眼睛切草莓的真功夫，也掌握了草莓的美味呈現方式。

· **熬煮果醬時要如何避免產生焦味**
銅鍋的聚熱效果好，煮時除了鍋緣外，還有鍋底也要不時的用耐熱匙去刮鍋底攪動才能避免燒焦。尤其這道食譜的配方水分不是特別多，所以容易燒焦，做果醬如果產生焦味的話，就失敗了。

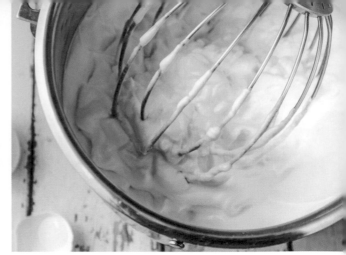

1 **打發蛋黃** 攪拌盆裡的油脂還有水分要先擦拭乾淨後，再放入蛋黃、蜂蜜、細砂糖(A)，以快速打發至泛白後轉至中速打至全發。

打發前先進行「溫蛋」。也就是把冰箱取出的蛋黃、蛋白，以隔水加熱的方式到 40 度，再進行打發。

2 **蛋白打發至濕性發泡** 另取一個攪拌盆，放入蛋白、檸檬汁，打發至發泡後，加入 1/3 的細砂糖(B)，以快速打發至有紋路後再分兩次將砂糖加入打發至濕性泡。

蛋白中加入砂糖打發後的氣泡會更為細密且安定性高，邊加入邊打發，避免一次將砂糖倒入會導致蛋白濃度過高造成打發失敗。

3 **加入粉料進行烘烤** 將步驟 2 打發的蛋白分兩次加入步驟 1 中拌勻，以手拌方式，一邊篩入低筋麵粉、全脂奶粉一邊攪拌。動物性鮮奶油、奶油與蜂蜜煮熱，與麵糊一起拌勻後倒入鋪好烘焙紙的烤盤中抹平，烤箱事先預熱好，以上火 200℃，下火 150℃烘烤 10 分鐘，將烤盤掉頭後改成上下火 150℃烘烤 3 分鐘，取出放涼。

4 **準備草莓醬材料** 把新鮮草莓洗淨後，去蒂、切丁。鍋中放入新鮮草莓、草莓果泥、細砂糖跟水。

切成約 1 公分之內的丁狀，在熬煮醬汁時比較能讓草莓的果肉呈現泥狀，這樣在抹蛋糕時也會比較平整。

5 **中火熬煮草莓醬** 以中火熬煮，
溫度大概是 110℃-115℃之間煮
成泥狀後放涼備用。

煮的時候要不時的拿沾水毛刷去刷
煮鍋的內緣，如此可避免煮時的浮
末附著而造成燒焦產生焦味，因此
要重複去做這個動作，這也是煮果
醬時訣竅。

6 **製作香緹抹在蛋糕上** 烘烤的時
間可以製作香緹，把動物性鮮奶
油加入細砂糖打發即可。檯面上
鋪上白報紙將烤好的蛋糕體倒
扣，去除烘焙紙，將香緹抹在蛋
糕體上。

7 **排入內餡捲起蛋糕** 填入內餡的
順序是先抹一層生乳餡，再鋪上
一層果醬，放上新鮮草莓對再擠
一點鮮奶油。將擀麵棍放在白紙
下方靠近自己的一側，與蛋糕一
側一起上提往前下壓，慢慢把擀
麵棍往前移動捲起，讓蛋糕捲收
口朝下靜置等待定型。

做為內餡的草莓塊，切時的大小要
儘量一致，如此捲製之後比較不會
有孔洞的問題。

8 **最後裝飾** 做好的草莓蛋糕放涼
定型，切成等量大小，先將香緹
放入擠花袋中。首先在蛋糕體上
擠上適量的香緹，再以草莓丁、
草莓醬、開心果碎、巧克力片做
裝飾即完成。

芒果生乳捲

〔 Fresh Cream Roll Cake with Mango 〕

芒果口味蛋糕體是夏日人氣商品，
新鮮芒果搭配自製熬煮的芒果果醬，
濃郁又香甜的風味。

剖面 *profile*

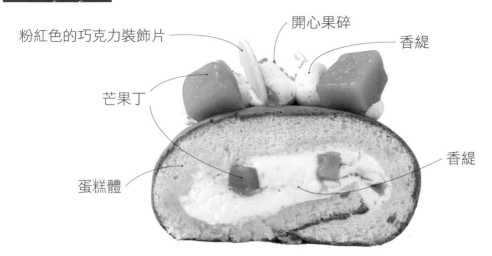

粉紅色的巧克力裝飾片
開心果碎
香緹
芒果丁
香緹
蛋糕體

材料 *Ingredients*

【蛋糕體材料】		【芒果醬材料】		【內餡水果】	
蛋黃 335g		新鮮芒果丁	200g	新鮮芒果	200g
蜂蜜	60g	芒果果泥	200g		
細砂糖(A)	70g	細砂糖	220g	【使用模具】	
蛋白	300g	水	50g	烤盤 60cm＊40cm	
細砂糖(B)	140g				
低筋麵粉	90g	【香緹材料】〈280g／捲〉			
全脂奶粉	15g	動物性鮮奶油	525g		
無鹽奶油	60g	細砂糖	41g		
動物性鮮奶油	75g				

主廚的實作筆記 Notes

台灣消費者真的很愛芒果，每到夏日不敗的甜點，就是芒果口味，自製熬煮的芒果果醬，是我使用來搭配新鮮芒果的祕訣，要使用果醬去包覆住新鮮芒果，讓味道能滲進果肉裡，讓味道更升級。

‧蛋糕捲要怎麼捲，切面才會漂亮？

在進行捲的步驟時，要將擀麵棍放在白紙下方、靠近自己的一側，保持擀麵棍跟蛋糕邊緣平行。先用一小段白報紙把擀麵棍包起來並壓緊，再與蛋糕一側一起上提往前下壓，第一折要記得下壓，才不會出現空洞。

還有，保持擀麵棍的重心慢慢把擀麵棍往前移動，同時要把擀麵棍往自己的方向捲，慢慢捲起到最後等到完全捲完後，用尺放在擀麵棍的位置固定，讓蛋糕捲收口朝下靜置等待定型後即可取下白報紙，如此就能捲得緊實又漂亮。

抹茶生乳捲

〔 Matcha Cream Roll Cake 〕

對於喜歡抹茶風味的人來說，
這一道是絕對不能錯過的濃郁風味，
品嘗之前，先欣賞一下充滿日式氛圍的美感！

剖面 *profile*

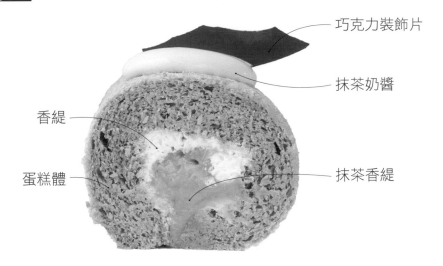

- 巧克力裝飾片
- 抹茶奶醬
- 香緹
- 蛋糕體
- 抹茶香緹

材料 *Ingredients*

【蛋糕體材料】

蛋糕體（一盤）	去蛋糕皮
蛋黃	202g
蜂蜜	38g
細砂糖(A)	115g
蛋白	407g
細砂糖(B)	158g
低筋麵粉	166g
玉米粉	5g
鮮奶	180g
無鹽奶油	90g
抹茶粉	10g

【香緹材料】〈130g／捲〉

動物性鮮奶油	495g
細砂糖	40g

【抹茶香緹材料】
〈100g／捲〉

動物性鮮奶油 (A)	132g
抹茶粉	23g
動物性鮮奶油 (B)	200g
細砂糖	44g
吉利丁	3g

【裝飾抹茶醬】

礦泉水	125g
細砂糖	65g
抹茶粉	5g
玉米粉	5g

【裝飾抹茶奶醬】

植物性鮮奶油	250g
鏡面果膠	60g
抹茶粉	5g

【使用模具】

烤盤長 60cm＊40cm

主廚的實作筆記 Notes

使用日本小山園抹茶粉製作蛋糕及抹茶餡，明確表現出抹茶風味。

抹茶控真的很多，所以研發了一款抹茶香味濃厚的蛋糕捲，選用小山園若竹等級抹茶粉製作，讓抹茶色澤與香氣能在蛋糕裏平衡表現。

・煮抹茶的醬

煮醬跟前面做抹茶麵糊一樣，也是要邊加熱邊去拌勻比較不會結塊。煮好的抹茶醬要降溫，放涼就可以使用在盤飾上了。

1 **製作蛋糕體** 攪拌盆裡的油脂還有水分要先擦拭乾淨後，再分別放入蛋黃、細砂糖(A)打發，加入過篩的低筋麵粉、玉米粉拌勻。蛋白、細砂糖(B)打發至濕性發泡再加入麵糊中拌勻。濕性發泡也就是打發至拉起時呈現鳥嘴狀。

2 **製作液態部分** 在打發蛋糕體時，可同時製作蛋糕體液態部分，前置作業就是把無鹽奶油加熱至奶油融化，再加入鮮奶、蜂蜜、抹茶粉煮熱加入拌勻。

抹茶粉比較容易結粒所以要邊加熱邊拌。此外如果溫度太高，容易出現結塊，因此要慢慢加熱、慢慢拌，融化程度會比較好。

3 **兩者混合** 將打發好的麵糊與煮熱的無鹽奶油、鮮奶、蜂蜜、抹茶粉一起拌勻。

4 **麵糊抹平烘烤** 將拌勻的麵糊倒入鋪好烘焙紙的烤盤中抹平，並把空氣敲掉。烤箱事先預熱，以上火 200℃，下火 150℃烘烤 10 分鐘，將烤盤掉頭後改成上下火 150℃烘烤 3 分鐘。取出後，檯面上鋪上白報紙將烤好的蛋糕體倒扣，去除烘焙紙。

5 **準備好香緹的材料** 等待烘烤的時間可以先準備好製作香緹的材料。先將動物性鮮奶油(A)以及抹茶粉利用均質機均質備用；吉利丁片要先泡水變軟。

6 **製作 2 種香緹** 將動物性鮮奶油、細砂糖打發成原味香緹；另一種抹茶香緹，是把已經均質好的動物性鮮奶油(A)以及抹茶粉與融化的吉利丁拌勻，再將動物性鮮奶油(B)、細砂糖打發後加入攪拌均勻做成抹茶香緹。

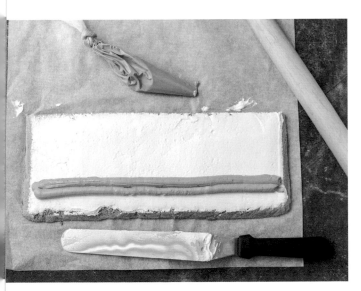

7 **塗抹香緹捲蛋糕** 把動物性鮮奶油、細砂糖一起打發至堅挺做成香緹。將香緹抹在蛋糕體上，前後各擠上一條抹茶香緹後進行捲製，把擀麵棍慢慢往前移動，讓蛋糕捲收口朝下靜置等待蛋糕定型，再切成等量大小。

8 **最後裝飾** 將裝飾抹茶醬材料中的礦泉水、細砂糖、抹茶粉煮滾後加入玉米粉收稠冷卻。再將裝飾抹茶奶醬材料的植物性鮮奶油、抹茶粉拌勻後加入鏡面果膠拌勻打至微發，做最後盤式。
這個盤式我選擇比較有日式庭院的感覺，用到了抹茶醬汁、抹茶鮮奶油、巧克力裝飾片、巧克力裝飾球跟抹茶粉一起組合出來。

主廚的實作筆記 Notes

初到法國時，第一個尋找的甜點就是蒙布朗，吃一口就讓味覺感到驚訝，栗子味很濃，蛋糕整體很甜，衝擊力很強，甜味迅速化開，最後留下栗子的香氣，原來正統的蒙布朗是這樣粗曠、直接單純的甜點。所以後來萌生將栗子餡夾入生乳捲的概念，將栗子的味道變得細緻些，搭配蛋糕及鮮奶油，整體口感風味也變得更柔軟與柔和。

＊攪拌盆裡的油脂或水分要擦拭乾淨
所使用的攪拌盆或打蛋器，如果沾有油脂，蛋白就會無法打發，因此使用前一定要洗乾淨。

＊＊蛋白要分兩次加入
蛋白中加入砂糖打發後的氣泡會更為細密且安定性高，不過加入砂糖時最好要分成 2-3 次，邊加入邊打發，避免一次將砂糖倒入會導致蛋白濃度過高而造成打發失敗。

＊＊＊圈捲狀的巧克力
製作圈捲狀的巧克力是以調溫巧克力來進行，作法是將切成細長形的慕斯圍邊膠片放在大理石板上，以平放的方向固定好，並在膠片最上方倒上適量的調溫過的巧克力，以刮板朝由左往右薄薄推展開來。
再用齒梳劃出線條，以刮板刮除外側多餘的巧克力，迅速的從大理石板把慕斯圍邊膠片取下、圍繞扭轉放在擀麵棍上，兩端加以固定，等凝固後即可將膠片拆除。

特色戚風蛋糕捲

帕瑪森蜂蜜乳酪捲

〔 Roll Cake with Parmesan Cheese and Honey 〕

表皮帶有一點鹹，帶一點綠胡椒的香氣搭配著吃
概念來自在西班牙時乳酪加蜂蜜的一個搭配吃法，
我把這樣的記憶復刻在這個蛋糕上！

咖啡核桃捲

〔 Coffee Cream Roll Cake with Walnut 〕

呈現香甜風味的咖啡蛋糕，
搭配焦糖核桃碎塊與咖啡鮮奶油，
有著多重視覺，也有著多重風味！

剖面 *profile*

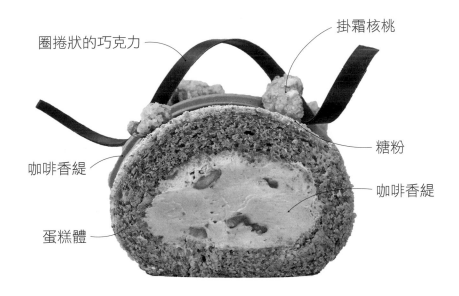

圈捲狀的巧克力

掛霜核桃

咖啡香緹

糖粉

咖啡香緹

蛋糕體

材料 *Ingredients*

【蛋糕體材料】（分量：3條）	
全蛋	600g
細砂糖	200g
果糖	25g
低筋麵粉	150g
杏仁粉	50g
玉米粉	25g
咖啡粉	12.5g
鮮奶	100g
無鹽奶油	250g

【咖啡香緹材料】	
動物性鮮奶油(A)	427g
動物性鮮奶油(B)	137g
即溶咖啡粉	7g
細砂糖	34g

【掛霜核桃】	
核桃（烤焙）	200g
水	34g
細砂糖(A)	50g
鹽之花	4g
細砂糖(B)	150g

【裝飾材料】

掛霜核桃
糖粉
咖啡香緹
圈捲狀的巧克力

【使用模具】

烤盤長 60cm＊40cm

主廚的實作筆記 Notes

將咖啡的香氣留在蛋糕裏，選用中焙咖啡豆自製咖啡濃縮醬使用在蛋糕體及咖啡鮮奶油製作。製作焦糖核桃時，核桃需慢火烘焙，去除油耗味，使用糖霜包裹住核桃，讓脆度可以保留。

1 **蛋糕體製作，全蛋打發至濕性發泡**　攪拌盆裡的油脂還有水分要先擦拭乾淨後，再放入全蛋、細砂糖打勻，加入果糖後快速打發至泛白後轉至中速打發至濕性發泡*。

打發前先進行「溫蛋」。也就是把冰箱取出的蛋黃、蛋白，以隔水加熱的方式到40度，再進行打發。

2 **加入粉料**　將低筋麵粉、杏仁粉、玉米粉過篩後加入拌勻。

3 **製作蛋糕體液態部分**　在打發蛋糕體時，可同時製作蛋糕體液態部分，前置作業就是把鮮奶油加熱，再加入無鹽奶油後繼續加熱至奶油融化。

4 **加入咖啡粉**　接著加入咖啡粉後充分混合均勻。概念上有點像煮濃縮咖啡的煮法，製作出來的味道會濃郁許多。

5 **準備好麵糊、烘烤**　將煮好的鮮奶、咖啡粉及奶油倒入打發的全蛋麵糊中，拌勻，在烤盤上鋪入烘焙紙，倒入麵糊後抹平，並把空氣敲掉，烤箱預熱好，以上火 200℃，下火 150℃烘烤 10 分鐘，將烤盤掉頭後改成上下火 150℃烘烤 3 分鐘，取出後，鋪上白報紙將烤好得蛋糕體倒扣，去除烘焙紙，烘烤的時間可以製作香緹。

6 **抹餡**　把動物性鮮奶油(A)與細砂糖一起打發，再把動物性鮮奶油(B)與咖啡粉一起拌勻，加入鮮奶油(A)中拌勻。檯面上鋪上白報紙將烤好的蛋糕體倒扣，去除烘焙紙，將咖啡香緹抹在蛋糕體上，放上適量的掛霜核桃**。

香緹餡塗抹在蛋糕上時，要前端較厚後端較薄，這樣捲出來切面會更漂亮。

7 **捲蛋糕**　將擀麵棍放在白紙下方靠近自己的一側。從香緹抹得較厚的前端開始捲。

先用一小段白報紙把擀麵棍包起來並壓緊，再與蛋糕一側一起上提往前下壓，慢慢把擀麵棍往前移動，同時要把擀麵棍往自己的方向捲，用尺放在擀麵棍的位置固定，讓蛋糕捲收口朝下靜置等待定型。

8 **裝飾**　蛋糕定型，切成等量大小，在切段後的蛋糕捲上，擠上咖啡香緹，再放上掛霜核桃、圈捲狀的巧克力，撒上糖粉即完成。

主廚的實作筆記 Notes

＊濕性發泡

也就是拉起時呈現鳥嘴狀。濕性發泡就像是我們喝拿鐵上面的奶泡，屬於比較細緻的狀態。把全蛋打發，到有點像奶泡呈現出緩慢滴落狀的程度。

1

2

3

4

5-6-7

8

主廚的實作筆記 Notes

＊＊掛霜核桃的作法

掛霜是比較中式的說法，用在烘焙時，通常都會說是蜜核桃，一般烘焙材料行就可以買到。

將掛霜核桃材料中的水、細砂糖(A)煮滾至110℃，加入細砂糖(B)、鹽之花、烤焙過的核桃一起拌勻至反沙，也就是砂糖結晶變成固體。當然，除了自己製作外，也可以直接使用市售的掛霜核桃。

＊＊＊圈捲狀的巧克力

製作圈捲狀的巧克力是以調溫巧克力來進行，作法是將切成細長形的慕斯圍邊膠片放在大理石板上，以平放的方向固定好，並在膠片最上方倒上適量的調溫過的巧克力，以刮板朝由左往右薄薄推展開來。

再用齒梳劃出線條，以刮板刮除外側多餘的巧克力，迅速的從大理石板把慕斯圍邊膠片取下、圍繞扭轉放在擀麵棍上，兩端加以固定，等凝固後即可將膠片拆除。

1 **製作芝麻布蕾** 把動物性鮮奶油、鮮奶、細砂糖、芝麻醬＊一起煮熱成芝麻糊，將蛋黃、全蛋、馬斯卡邦拌勻，沖入芝麻糊中拌勻、過篩。

選擇芝麻醬時，要儘量選擇無糖的，做出來的蛋糕捲味道才不會過於死甜。

2 **烘烤、冷凍、切條** 倒入八吋方框中，放入預熱烤箱中以低溫是130-150℃隔水烘烤冷卻，進冷凍，要冷凍過後才可以脫模、切成條狀。

布蕾烤完後要先冷卻後放入冰箱進行冷凍，才能切條做捲製的動作。布蕾如果只有冷藏會太軟，沒辦法切取，一定要冷凍。

3 **蛋糕體製作** 攪拌盆裡的油脂還有水分要先擦拭乾淨後，再放入蛋黃、細砂糖(A)打發，加入過篩的低筋麵粉拌勻。蛋白、細砂糖(B)打發至濕性發泡加入麵糊中打發至濕性發泡＊。

打發前先進行「溫蛋」。也就是把冰箱取出的蛋黃、蛋白，以隔水加熱的方式到40度，再進行打發。

4 **製作液態部分** 在打發蛋糕體時，可同時製作蛋糕體液態部分，前置作業就是把動物性鮮奶油加熱，再加入無鹽奶油後繼續加熱至奶油融化，繼續加入蜂蜜、紅茶粉煮熱加入拌勻倒入打發的全蛋麵糊中，拌勻。

5 麵糊倒入烤盤烘烤　在烤盤上鋪入烘焙紙，倒入麵糊後抹平，並把空氣敲掉，以上火 200℃，下火 150℃烘烤 10 分鐘，將烤盤掉頭後改成上下火 150℃烘烤 3 分鐘，取出後，鋪上白報紙將烤好得蛋糕體倒扣，去除烘焙紙，烘烤的時間可以製作紅茶香緹。

6 製作紅茶香緹　把紅茶粉與動物性鮮奶油(B)煮熱過篩，冷卻至 16 度，加入細砂糖、動物性鮮奶油(A)，打發至鮮奶油堅挺。

7 捲蛋糕　檯面上鋪上白報紙將烤好的蛋糕體倒扣，去除烘焙紙，將紅茶香緹抹在蛋糕體上，放上芝麻布蕾後進行捲製，把擀麵棍慢慢往前移動，讓蛋糕捲收口朝下靜置等待定型。

8 裝飾　蛋糕定型，切成等量大小，表面利用擠花的鮮奶油、芝麻、紅茶香緹、巧克力裝飾片、紅茶蛋白餅進行裝飾即完成。
蛋白餅是用蛋白與細砂糖以 1 比 1 的比例打發後，擠製成型以低溫進行烘烤即可。

芋泥奶凍捲

〔 Taro Cream Roll Cake with Panna Cotta 〕

戚風蛋糕體加上台灣芋頭自製的內餡，
搭配清爽奶凍，最能體現古早味。

剖面 *profile*

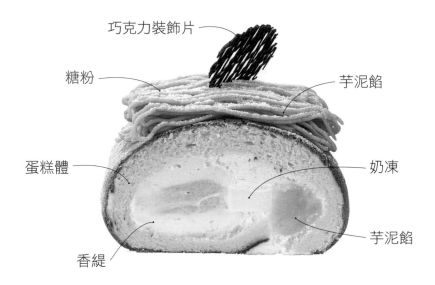

- 巧克力裝飾片
- 糖粉
- 芋泥餡
- 蛋糕體
- 奶凍
- 芋泥餡
- 香緹

材料 *Ingredients*

【奶凍材料】（三捲）

鮮奶	160g
細砂糖	20g
動物性鮮奶油	64g
吉利丁片	6g

【芋泥餡材料】

〈140g／捲〉

芋泥	288g
無鹽奶油	32g
果糖	32g
動物性鮮奶油	60g

【蛋糕體材料】

蛋黃	335g
蜂蜜	60g
細砂糖(A)	70g
蛋白	300g
細砂糖(B)	140g
低筋麵粉	90g
全脂奶粉	15g
無鹽奶油	60g
動物性鮮奶油	75g

【香緹材料】〈165g／捲〉

動物性鮮奶油	460g
細砂糖	28g

【裝飾材料】

芋泥餡
巧克力片
糖粉

【使用模具】

八吋方框，模高 1.5cm
烤盤 60cm＊40cm

主廚的實作筆記 Notes

芋頭甜點真的是很能代表台灣的特色，教大家自製蛋糕用芋頭餡的做法，芋頭選用鬆軟的大甲芋頭，先蒸熟芋頭再細篩，加入糖漿和奶油調整成鬆軟綿密的狀態，最後配上冰涼的奶凍，就成了能代表台灣在地風土的甜點。

＊＊進行捲製
進行捲製時要把擀麵棍放在白紙下方靠近自己的一側開始捲。先用一小段白報紙把擀麵棍包起來並壓緊，再與蛋糕一側一起上提往前下壓，慢慢把擀麵棍往前移動，同時要把擀麵棍往自己的方向捲，用尺放在擀麵棍的位置固定，讓蛋糕捲收口朝下靜置等待定型。

1 **製作奶凍** 奶凍的凝固主要是靠吉利丁片，把鮮奶、細砂糖、動物性鮮奶油稍微加熱到細砂糖溶解，之後加入泡軟的吉利丁拌勻。

2 **倒入方框中冷藏** 做好的奶凍要放冰箱冷藏，讓它凝固。等到凝固後才可以脫模、切成條狀。

3 **自製芋泥餡** 這裡所使用的芋頭是大甲所產，作法是把它蒸到熟透、蒸軟，再跟無鹽奶油、果糖一起拌勻。

4 **芋泥餡過篩與鮮奶油打發** 經過過篩之後的芋泥口感，吃起來會更細緻，再加入動物性鮮奶油一起打發。

5 **製作蛋糕體** 攪拌盆裡的油脂還有水分要先擦拭乾淨後，再分別放入蛋黃、細砂糖(A)打發，加入過篩的低筋麵粉、全脂奶粉拌勻。蛋白、細砂糖(B)打發至濕性發泡*再加入麵糊中拌勻。
蛋白中加入砂糖打發後的氣泡會更為細密且安定性高，不過加入砂糖時最好要分成 2-3 次。

6 **製作香緹** 在烤盤上鋪入烘焙紙，倒入麵糊後抹平，並把空氣敲掉，以上火 200 ℃，下火 150℃烘烤 10 分鐘，將烤盤掉頭後改成上下火 150℃烘烤 3 分鐘，取出後，鋪上白報紙將烤好得蛋糕體倒扣，去除烘焙紙，烘烤的時間可以製作香緹。

7 **塗抹香緹捲蛋糕** 把動物性鮮奶油、細砂糖一起打發至堅挺做成香緹。檯面上鋪上白報紙將烤好的蛋糕體倒扣，去除烘焙紙，將香緹抹在蛋糕體上放上切條的奶凍，前後各擠上一條芋泥餡後進行捲製*，把擀麵棍慢慢往前移動，讓蛋糕捲收口朝下靜置等待定型。

8 **最後裝飾** 蛋糕定型，切成等量大小，利用擠花袋在蛋糕上面擠上芋泥餡，再放上巧克力片、糖粉做裝飾即完成。

PART 2

最不容易失敗的
常溫蛋糕

古典巧克力蛋糕

〔 Classic Chocolate Cake 〕

苦甜調溫巧克力與可可麵糊的結合，
經典不敗的古典巧克力蛋糕，
烘烤蛋糕熟度從 5 分熟到全熟都有擁護者！

巧克力球

防潮糖粉或一般糖粉

無糖可可粉

蛋糕體

材料 *Ingredients*

【蛋糕體材料】		【裝飾材料】	【使用模具】
蛋黃	222g	無糖可可粉	6吋實底蛋糕模 425g／1 模
細砂糖(A)	96g	防潮糖粉或一般糖粉	2 個
黑巧克力 75%	63g	巧克力球。	
牛奶巧克力 36%	57g		
無鹽奶油	96g		
動物性鮮奶油	79g		
可可粉	79g		
低筋麵粉	32g		
蛋白	172g		
細砂糖(B)	96g		

1 打發蛋黃 攪拌盆裡的油脂還有水分要先擦拭乾淨後，再放入蛋黃、細砂糖，以中速攪打發至微發的程度。

打發前先進行「溫蛋」。也就是把冰箱取出的蛋黃、蛋白，以隔水加熱的方式到 40 度，再進行打發。

2 將巧克力煮融 在打發蛋糕體時，可同時將黑巧克力、牛奶巧克力一起融化。另外鍋中放入鮮奶油加熱後加入無鹽奶油繼續加熱直到奶油融化。

這裡所使用的巧克力是苦甜巧克力跟牛奶巧克力的混合，如此一來巧克力的苦味跟甜味會中和得比較好。

3 加入麵糊中 將煮融的巧克力加到打發的全蛋麵糊裡面，拌勻以後再加入油脂，也就是煮融的動物性鮮奶油與無鹽奶油，再加入過篩的可可粉。

4 篩入低筋麵糊 麵糊裡最後篩入低筋麵粉一起拌勻，以手拌方式，一邊加入低筋麵粉並且一邊攪拌。

5 加入打發的蛋白　最後再加入打到濕性發泡的蛋白。

濕性發泡就是拉起時呈現鳥嘴狀。蛋白中加入砂糖打發後的氣泡會更為細密且安定性高，不過加入砂糖時最好要分成 2-3 次，邊加入邊打發，避免一次將砂糖倒入會導致蛋白濃度過高造成打發失敗。

6 麵糊混合完入模烘烤　將麵糊倒入鋪好烘焙紙的 6 吋的蛋糕模中，並把空氣敲掉，進行烘烤＊＊。烤箱預熱後以上火 200℃，下火 180℃烘烤 15 分鐘，將烤盤掉頭後改成上下火 180℃烘烤 20 分鐘。

7 出爐　將烘烤完成的蛋糕取出，脫膜後待涼備用。

8 裝飾　這一款蛋糕的裝飾比較簡單。先撒上薄薄一層的無糖可可粉在蛋糕表皮上，再撒上防潮糖粉或是一般糖粉，最後放上巧克力裝飾。

這裡的巧克力裝飾使用的是一個球狀，要表現出地球的感覺。古典巧克力比較沒有一些果乾類、堅果類的食材，重點完全在於使用巧克力去襯托出它的風味。

主廚的實作筆記 Notes

帶著蛋糕去旅行，常溫蛋糕亦可稱為旅行蛋糕，特色是可常溫 1 至 3 天的室溫保存食用，在樸實的麵糊中加入耐心處理的烘烤堅果或慢火熬煮的新鮮果醬，交融出旅行蛋糕的特色美味。

每回出國旅行，總是會自備常溫蛋糕在行李箱中，若是無法自備，也會到當地的糕點店尋找合適的常溫蛋糕，一杯咖啡或茶，適合方便食用。旅行蛋糕對於我有如「普魯斯特現象」，法國文豪普魯斯特在著作追憶似水年華中，鉅細靡遺的描述瑪德蓮的氣味所帶給他的舊時回憶，可見常溫蛋糕的影響力。

初學古典巧克力蛋糕，開啟了我研究巧克力風味的方向，巧克力的風味有別，不同的巧克力品種加入蛋糕中會呈現出不同風味，我認為好吃的古典巧克力蛋糕，烤焙至 6-7 分熟即可。

當你吃這款蛋糕時，風味前段帶有果香及花香，會比較有比較濃郁的黑糖甜味跟煙燻的味道，最後會有黑櫻桃跟榛果的香氣，這是這一款古典巧克力比較想呈現出來的一個味覺。

＊濕性發泡
也就是拉起時呈現鳥嘴狀。濕性發泡就像是我們喝拿鐵上面的奶泡，屬於比較細緻的狀態。把全蛋打發，到有點像奶泡，呈現出緩慢滴落狀的程度。

＊＊烘烤技巧
這一款蛋糕的烤焙非常重要。古典巧克力蛋糕的烘烤方法有很多種，有烤到半熟、五分熟或全熟的都有。半熟的蛋糕體裡面會比較濕潤，麵糊是有點濃稠、半熟的狀態，半熟缺點就是蛋糕的表面會凹陷得比較嚴重，這是因為中間沒熟，支撐力比較不夠，所以會比較塌。

如果烤到全熟，就比較不會有這個狀況，但缺點就是蛋糕的口感會比較乾，不夠濕潤。本書中所烤到的熟度大概是七分熟，就是讓它稍微有點熟但是中心點的部分是比較濕潤的狀態，口感也最好。

巧克力柳橙旅行蛋糕

〔 Chocolate Orange Cake 〕

巧克力與糖漬柳橙的結合充滿著法式風情，
略微苦甜的巧克力搭上，
微酸香氣厚實的柳橙，開啟了味覺與嗅覺的享受。

糖漬橙片

蛋糕體

材料 *Ingredients*

【蛋糕體材料】

全蛋	147g
細砂糖	154g
轉化糖漿	15g
鹽	0.6g
檸檬皮	7g
低筋麵粉	102g
可可粉	36g
泡打粉	4g
動物性鮮奶油	62g
無鹽奶油	130g
君度橙酒	6g
糖漬橘皮丁	37g

【糖漬橙片材料】

柳橙片	50g
香橙干邑	50g
礦泉水	50g
細砂糖	50g
香草莢	半支

【裝飾材料】

君度橙酒做的糖酒水
蜜漬過的柳橙片
波美糖漿（30度）

【使用模具】

13cm*7cm*4cm 長方實底
鐵模 150g／1模　共 4 模

主廚的實作筆記 Notes

最經典的組合，也是我最常選擇帶著吃的組合，法國甜點店基本普遍都能看見它美好的身影，巧克力與柳橙結合起來的香氣，真是無法抗拒。

＊濕性發泡
也就是拉起時呈現鳥嘴狀。濕性發泡就像是我們喝拿鐵上面的奶泡，屬於比較細緻的狀態。把全蛋打發，到有點像奶泡，呈現出緩慢滴落狀的程度。
波美是糖漿的溶液濃度，如果度數越高，糖漿也就越甜。

1 **全蛋打發至濕性發泡** 攪拌盆裡的油脂還有水分要先擦拭乾淨後，再放入全蛋、轉化糖漿細砂糖打發濕性發泡*。將細砂糖、鹽、檸檬皮事先混合好，低筋麵粉、可可粉、泡打粉過篩後備用。打發前先進行「溫蛋」。也就是把冰箱取出的蛋黃、蛋白，以隔水加熱的方式到 40 度，再進行打發。

2 **準備油脂混合麵糊** 這裡要進行兩個部分，一個部分是把動物性鮮奶油跟無鹽奶油放銅鍋裡面煮熱；另一部分是把粉類跟前面打發的全蛋一起拌勻。

3 **混合乳化** 在拌勻的麵糊裡，加入動物性鮮奶油跟無鹽奶油拌勻後，讓它產生乳化作用。

4 **加入君度橙酒、糖漬橘皮** 把君度橙酒跟糖漬橘皮丁，一起拌到麵糊裡面，放入冰箱後冷藏鬆弛 2 小時。

5 **入模**　把麵糊裝到擠花袋中，將麵糊擠入鋪好烘焙紙的模具中，大約灌到 7-8 分滿左右，把空氣敲掉

> 在麵糊的表皮擠上一條無鹽奶油，是幫助它在烤焙的過程中，因奶油融化，而在中間產生的膨脹裂縫會比較漂亮。

6 **擠上一條無鹽奶油**　烤焙前要在麵糊的表皮擠上一條無鹽奶油後進行烘烤。烤箱預熱後以上火 200℃，下火 180℃烘烤 15 分鐘，將烤盤掉頭後改成上下火 180℃烘烤 15 分鐘。

7 **出爐脫膜**　把烤好的蛋糕從烤箱中取出脫膜。
可以看到中間都會有一個膨脹的裂縫，有一個隆起的部分。

8 **裝飾**　這款蛋糕的裝飾比較簡單就是刷上一點點糖酒水，一樣我們是用君度橙酒做的糖酒水，再鋪上稍微蜜漬過的柳橙片擺在蛋糕上面淋上一點點的波美糖漿即完成。

榛果脆皮巧克力蛋糕

〔 Hazelnut Chocolate Cake 〕

澆上濃濃榛果巧克力淋面的蛋糕，
可以說是巧克力成癮者，
最想擁有的解答！

圓圈巧克力裝飾片

榛果脆皮

蛋糕體

材料 *Ingredients*

【蛋糕體材料】

全蛋	70g
糖粉	100g
低筋麵粉	75g
泡打粉	2g
可可粉	20g
無鹽奶油	90g
動物性鮮奶油	20g
榛果粉	25g

【榛果脆皮淋面材料】

可可脂	100g
黑巧克力 72%	50g
牛奶巧克力 36%	50g
鹽之花	1g
榛果碎（烤焙）	100g

【裝飾材料】

榛果脆皮
圓圈巧克力裝飾片

【使用模具】

單顆直徑 7.5cm*高 3cm
半圓矽膠模 60g／1個
共 5 個

主廚的實作筆記 Notes

若要說與巧克力最搭的堅果類，榛果可說是當之無愧。
在世界眾多的巧克力專賣店中，一定存在這個口味組合，或許在你我的生命中，
第一口高級巧克力口味就是榛果巧克力呢！所以我以此為設計概念，研發這款能
讓自己滿意的榛果脆皮巧克力蛋糕。

1 **打發無鹽奶油** 材料中的無鹽奶油、糖粉放入攪拌盆中去打發。
這個部分要儘量打到 10 分發,這是因為打發一點,製作出來的蛋糕化口度就會更好。

2 **分次加入全蛋** 接著加入全蛋拌勻。
加入全蛋時記得要分次加入,因為如果一次加入太多蛋液的話,奶油會無法吸收蛋液,會比較容易花掉,所以蛋要慢慢加入,會比較好乳化。

3 **加入鮮奶油、油脂及粉料** 在拌勻的麵糊裡,加入動物性鮮奶油跟無鹽奶油拌勻,接著加入低筋麵粉、泡打粉、可可粉、榛果粉。
記得只要是粉類都一樣,加入前務必要過篩。

4 **將拌勻麵糊放入擠花袋** 把拌勻的麵糊放到擠花袋,再擠到模子裡,擠餡時約八分滿左右,在這裡所使用的模子是圓型矽膠模去做烤焙。

5 做榛果脆皮淋面　準備好榛果脆皮的材料，包括黑巧克力、牛奶巧克力、可可脂、鹽之花、烤焙過的榛果粒。先把黑巧克力、鹽之花用微波爐把它慢慢溶解，溶解溫度大約在 40-50℃ 之間，加入烤焙過的榛果粒即可。

或者以隔水加熱的方式溶解也可以，要把巧克力充分溶解後再進行操作。

6 烘烤脫膜　進行烘烤前要把烤箱預熱，以上火 200 ℃，下火 180℃烘烤 15 分鐘，將烤盤掉頭後改成上下火 180℃烘烤 15 分鐘，把烤好的蛋糕從烤箱中取出脫膜。

做好的蛋糕放涼，放涼之後拿去冰，以冷凍或是冷藏的方式都可以，冰的時間要超過一個小時以上。目的是為了讓蛋糕內部充分冷卻，達到一定的低溫，蛋糕體的溫度大概是 0-5℃之間再進行披覆，這樣做榛果巧克力淋面才會快速凝固。

7 裝飾　把做好的蛋糕體淋上榛果脆皮，最後再放上兩個圓圈巧克力裝飾片即完成。

如果蛋糕不夠冷，表面不夠凝固，就沒辦法形成比較薄的皮，巧克力倒上去後它會流掉不均勻，所以這是做淋面的訣竅。

葡萄酒無花果蛋糕

〔 Fig Cake with Moscato and Spices 〕

無花果乾與葡萄酒慢煮收汁，
美味的祕密是加入特選香料，像是肉桂、丁香、佛手柑…等等，
利用不同香料組合，把甜點師的細膩完全展現！

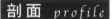

剖面 *profile*

新鮮的無花果

蛋糕體

鮮奶油香緹

酒漬無花果乾

材料 *Ingredients*

【蛋糕體材料】		【酒漬無花果乾材料】		【裝飾材料】
杏仁膏	200g	無花果乾	200g	無花果乾煮汁
全蛋	150g	莫斯卡托	500g	鏡面果膠
蛋黃	60g	細砂糖	100g	鮮奶油香緹
細砂糖	75g	肉桂條	半支	新鮮的無花果
蜂蜜	20g	丁香	2g	芒果醬汁
低筋麵粉	70g	百里香葉	2g	
泡打粉	1g	伯爵茶葉	2g	【使用模具】
伯爵茶粉	1g			13cm*7cm*4cm 長方實底
無鹽奶油	75g			鐵模 175g／1模　共 4 模
酒漬無花果乾	200g			

主廚的實作筆記 Notes

有些人認為甜點就是很甜而已，吃不出甜點的細膩與底蘊，所以這是一款兩者兼具的蛋糕。葡萄酒使用甜度與香氣足的莫斯卡托（Moscato），使用有機無花果乾與葡萄酒小火慢煮，再加入自選特殊香料增添風味，最後將無花果乾煮至收汁，無花果乾放涼後再拌入蛋糕麵糊中，經過烘烤，有細膩與底蘊的蛋糕誕生了。

＊為什麼要用莫斯卡托（Moscato）？

這是因為這款白葡萄酒的特色是甜度比較高，且葡萄的酸味還可以保留住，所以他是蠻適合做甜點的一款酒。此外無花果乾本身的甜度不高，有一種微酸的味道，所以經過這樣的煮製，無花果乾可以吸收酒的甜味跟酸味，讓整體的風味可以更好。

加入的香料，比較主味的是肉桂條，所以稍微有點肉桂的味道，再加丁香、百里香、伯爵茶葉等都是做為提味之用。

1 **酒漬無花果乾** 先將無花果乾去蒂，加入莫斯卡托、細砂糖、肉桂條、丁香、百里香葉、伯爵茶葉，放到鍋中煮透到收汁＊。
果乾煮完後一定要放到完全涼透，並且要經過冰鎮，冰完後把它剪成小塊再取適量跟麵糊攪拌。

2 **軟化杏仁膏** 杏仁膏先用微波爐加熱，讓它稍微軟化，然後加入細砂糖跟蜂蜜拌勻。

3 **分次加入全蛋** 拌勻後的杏仁膏分次加入全蛋蛋黃攪拌。
加入全蛋時記得要分次加入，因為如果一次加入太多蛋液的話，杏仁膏會無法吸收蛋液，無法產生乳化。

4 **篩入粉料** 杏仁膏加入蛋黃拌勻後，再篩入低筋麵粉、泡打粉、伯爵茶粉。

5 加入融化後的無鹽奶油　把無鹽
奶油融化後,再拌入麵糊中,一
起攪拌均勻。

6 加入酒漬無花果乾　加入酒漬的
無花果乾後一起攪拌均勻,並且
放冰箱冷藏鬆弛約 2 小時。

> 在麵糊的表皮擠上一條無鹽奶油,讓
> 烤焙後蛋糕中間產生的裂縫會比較漂
> 亮。

7 入模　把拌好的麵糊裝到擠花袋
中,將麵糊擠入鋪好烘焙紙的模
具中,大約灌到 7-8 分滿左右,
把空氣敲掉,在麵糊的表皮擠上
一條無鹽奶油後進行烘烤。烤箱
預熱後以上火 200℃,下火 180℃
烘烤 15 分鐘,將烤盤掉頭後改成
上下火 180℃烘烤 20 分鐘。

8 裝飾　把烤好的蛋糕從烤箱中取
出脫膜。烤好的蛋糕表面直接刷
上一層煮無花果乾剩下的汁,讓
風味可以更完整。再用刷子沾鏡
面果膠刷表皮,有增亮效果。上
面擠上鮮奶油香緹,放上新鮮的
無花果,芒果醬汁裝在擠花袋裡
點在鮮奶油香緹上,具有風味搭
配的效果。

黑櫻桃威士忌蛋糕

〔 Black Cherry Whiskey Cake 〕

酒精愛好者的微醺蛋糕，
熟成威士忌與酒漬黑櫻桃的碰撞，
小酌般的品蛋糕體驗。

5 蛋白跟蛋黃麵糊混合　打發的蛋白跟蛋黃麵糊混合均勻，再加入威士忌、切碎的酒漬櫻桃一起混合。

進行拌合時動作要輕柔，以免有消泡問題。

6 擠入模具　把拌勻的麵糊放到擠花袋，再擠到已經鋪入烘焙紙的模具中，擠餡時一樣就是約 7-8 分滿即可。烤箱預熱後以上火 200℃，下火 180℃烘烤 15 分鐘，將烤盤掉頭後改成上下火 180℃烘烤 15 分鐘。

7 刷上糖酒液　把礦泉水、細砂糖、威士忌一起放入容器中加熱拌勻後做成威士忌糖酒液，把它刷到蛋糕的表皮上讓表皮吸收威士忌酒的香氣跟糖的甜味。

8 裝飾　最後裝飾就是把威士忌糖酒液，刷到蛋糕表皮上，再擠上原味的鮮奶油香緹，上面再放上整顆的酒漬櫻桃，撒一點切碎的開心果碎，最後放上巧克力裝飾片即完成。

香草青蘋果蛋糕

〔 Apple Cake with Vanilla 〕

切丁青蘋果加香草豆莢、砂糖、奶油、蘋果酒炒香煮至收汁，
讓蘋果丁慢慢滲入香氣，
再拌入麵糊烘烤出香氣迷人的青蘋果旅行蛋糕

糖漬蘋果片 ——
翻糖小花
蛋糕體 ——
蘋果丁

材料 *Ingredients*

【蛋糕體材料】

無鹽奶油	121g
細砂糖	110g
開心果碎	33g
全蛋	100g
動物性鮮奶油	36g
炒蘋果丁	120g
法國粉 T55	165g
泡打粉	4g

【炒蘋果丁材料】

無鹽奶油	60g
新鮮青蘋果丁	300g
鹽	1.5g
細砂糖	100g
香草莢	1 支
蘋果白蘭地	100g

【糖漬蘋果片】

無鹽奶油	30g
鹽	2g
細砂糖	50g
香草莢	半支
蘋果白蘭地	50g
新鮮青蘋果片	150g

【裝飾材料】

果膠
翻糖小花

【使用模具】

13cm*7cm*4cm 長方實底
鐵模 170g／1模　共 4 模

1 **煮蘋果丁** 無鹽奶油煮融後加入
新鮮蘋果丁煮滾,再加入鹽、細
砂糖、香草莢煮稠,最後加入蘋
果白蘭地煮至收汁,蘋果丁煮後
放在蛋糕裡面。

這裡所使用的蘋果是青蘋果,因為
青蘋果甜度比較低酸味比較夠,煮
過的風味會更好。

砂糖的部分要用香草糖,也就是把
香草莢、香草籽跟砂糖混合。因為
這款是做法國諾曼地的風味,所以
用 Calvados 蘋果白蘭地,酒精的濃
度 40%是比較高的。

2 **糖漬蘋果片** 無鹽奶油煮融,加
入鹽、細砂糖、香草莢、蘋果白
蘭地煮滾,加入新鮮蘋果片煮
稠,記得一定要放涼後才能使用
*。炒蘋果片有兩種作法,一種
是用蘋果蒸餾酒 Calvados 去炒
蘋果餡,另外一種是用比較淡的
蘋果氣泡酒 Cider**。

這裡煮的時間以本書的量,在把所
有材料加完後,以小火還要煮 20 分
鐘才會收稠。

3 **準備好蘋果丁與蘋果片** 在進行
蛋糕體製作前,要先把蘋果丁與
蘋果片分別煮好後放涼。

4 **打發無鹽奶油** 材料中的無鹽奶油、細砂糖放入攪拌盆中打發至 10 分發。接著加入全蛋、動物性鮮奶油拌勻，泡打粉、法國粉 T55、開心果碎過篩後加入。

加入全蛋時記得要分次加入，因為如果一次加入太多蛋液的話，奶油會無法吸收蛋液，麵糊會比較容易花掉，所以蛋要慢慢加入，會比較好乳化。

5 **加入蘋果丁** 最後加入炒蘋果丁。如果水分較多，要先把水分稍微瀝乾，避免麵糊吸收太多的水分，而造成無法膨脹。

6 **入模** 將拌好的麵糊，裝入擠花袋中，擠到已經鋪入烘焙紙的模具中，大約 7-8 分滿，待麵糊都擠製完畢後，將炒過的蘋果片平均的鋪到表面後一起烘烤。烤箱預熱後以上火 200℃，下火 180℃烘烤 15 分鐘，將烤盤掉頭後改成上下火 180℃烘烤 15 分鐘。

7 **刷上炒蘋果的汁** 好的蛋糕取出待涼，表面刷上炒蘋果的汁。

8 **裝飾** 在蛋糕表面刷上一層鏡面果膠後，再放上幾朵翻糖小花即完成。

主廚的實作筆記 Notes

初學諾曼地炒蘋果，就愛上了它的風味，選用果肉較為緊實口感微酸的青蘋果，將蘋果切塊，用平底鍋將奶油加熱融化，放入切塊蘋果及香草籽、細砂糖，拌炒至果肉微上焦色，最後再加入諾曼地產 Calvados（蘋果白蘭地）或是 Cider（蘋果氣泡酒），將整體小火煮至收汁。要完整呈現諾曼地炒蘋果，一定得選用該產區的酒，才能保有這道甜點的靈魂。

我第一次參加的比賽，是一個麵包比賽，是台灣一個大型的世界麵包大賽代表賽，也是我第一次參加。比賽的產品是歐式風味的麵包，當時有一個在法國留學的朋友教我這個諾曼地風味的炒蘋果，於是我用炒蘋果去做一個內餡加到創意歐式麵包裡面。當我嘗試這個作法跟風味以後，非常喜歡這個味道，所以就用在這本書上。

＊製作蘋果片須知

首先奶油的部分我們要先融化，奶油把它加熱到完全融化，把蘋果放進去煮，讓它吸附一下奶油的香氣後，加入細砂糖、香草莢跟鹽，這邊細砂糖的學問比較大，當細砂糖放入後，要稍微煮出一點琥珀色，淡淡的焦色出來以後，才把酒加進去。

因為酒的部分使用量比較大，加進去之後會有點像湯，酒加進去之後要改成小火燜煮，讓蘋果去吸收酒的味道，跟砂糖、香草的風味並把它濃縮在一起。至於濃縮到什麼程度就要看個人喜好，本書大概煮到有一點半濃稠，製作的步驟寫加入蘋果白蘭地煮至收汁到微稠狀，至於煮的時間，以本書的量，把所有材料加完後，以小火還要煮 20 分鐘左右才會收稠，收稠完以後要放涼備用，記得一定要放涼才能用。

主廚的實作筆記 Notes

＊＊蘋果蒸餾酒 Calvados 與較淡的蘋果氣泡酒 Cider
這次書上用的是 Calvados。這兩者的差異是，蘋果白蘭地因為酒精濃度高，所以
煮出來的酒味更濃，味道會渾厚一點。用蘋果氣泡酒 Cider 煮出來的味道會比較
清爽一點。這兩種在最後的風味呈現上會有很大的差異。
一般來說，法國諾曼地炒蘋果比較多的作法是做成一個類似果醬的餡料，然後跟
法式可麗餅去做搭配，當地的麵包師傅會使用在做歐式麵包時，把餡料拌在麵包
裡面，而我們把炒蘋果的特色用在常溫蛋糕裡面，是比較少人這樣做的，因為一
般來說都是搭配可麗餅。

檸檬伯爵茶蛋糕

〔 Lemon Cake with Earl Grey 〕

伯爵茶的特色是由佛手柑燻製出的茶香，
將其入味在蛋糕裏，蛋糕表面淋上檸檬糖霜，
微酸與香氣的組合，有如清風徐來。

剖面 *profile*

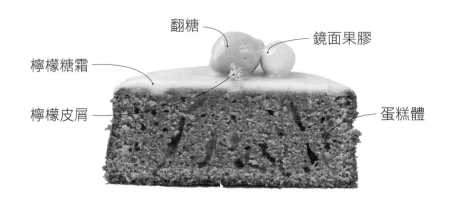

翻糖

鏡面果膠

檸檬糖霜

檸檬皮屑

蛋糕體

材料 *Ingredients*

【蛋糕體材料】

全蛋	123g
細砂糖	143g
鹽	0.5g
檸檬皮	半顆
低筋麵粉	110g
泡打粉	2g
動物性鮮奶油	75g
無鹽奶油	123g
伯爵茶粉	2g
伯爵茶葉	2g

【檸檬糖霜材料】

檸檬汁	50g
糖粉	200g

【裝飾材料

檸檬糖霜
檸檬皮屑
翻糖
鏡面果膠

【使用模具】

小實底塔模 直徑
8.2cm*2.5cm 100g／1模
共 5 個

主廚的實作筆記 Notes

某一天，檸檬蛋糕突然就爆紅了，大家開始喜歡上檸檬蛋糕表面淋上的檸檬味半透明糖霜。而我自己為一直以來很喜歡的蛋糕口味開始廣為人知，而感到開心，我獨家的檸檬蛋糕配方是加入伯爵茶粉，讓檸檬、佛手柑、茶葉來一場美好的相遇。

配方的特色是伯爵茶葉！因為檸檬蛋糕原味市面上已經很多，就想說在這個原味的基礎上再加一個味道去搭配，那伯爵茶葉是很適合的，因為它有加佛手柑的香料一起去燻製而成，柑橘加檸檬的味道讓整個味道更上一個檔次。

＊濕性發泡

也就是拉起時呈現鳥嘴狀。濕性發泡就像是我們喝拿鐵上面的奶泡，屬於比較細緻的狀態。把全蛋打發，到有點像奶泡，呈現出緩慢滴落狀的程度。

1 **全蛋打發** 　攪拌盆裡的油脂還有水分要先擦拭乾淨後，再放入全蛋、細砂糖、鹽、檸檬皮打發至濕性發泡＊。

所使用的蛋事先要進行「溫蛋」。也就是把從冰箱取出的蛋，以隔水加熱的方式到 30-40℃，達到一個比較暖的狀態去打發，如此一來它的打發性會比較好比較快。

2 **加入粉料** 　全蛋打發後，低筋麵粉、泡打粉、伯爵茶粉要過篩，再倒入全蛋的麵糊裡面拌均勻。

3 **煮伯爵茶** 　預先處理伯爵茶葉跟動物性鮮奶油，就像煮茶一樣把入動物性鮮奶油跟伯爵茶葉一起加熱，加熱完後要把伯爵茶葉的梗還有葉子篩掉，讓鮮奶去吸收茶的味道。

4 **伯爵茶與麵糊拌合** 　煮好過篩的伯爵茶倒入麵糊裡，再一起攪拌均勻。

5 加入煮融的無鹽奶油 將無鹽奶油放入銅鍋中煮融,再與麵糊一起拌勻,放入冰箱冷藏大約 2 個小時。

這道食譜的配方,因為油脂比較高,水分跟油比較多,所以我們攪拌完後要放入冰箱冷藏大約 2 個小時,讓麵糊去吸收油脂跟水分,結合得更好一點後再做烘焙的動作。

6 擠入模具 把拌勻的麵糊放到擠花袋,再擠到已經鋪入烘焙紙的模具中,擠餡時一樣就是約 7-8 分滿即可。烤箱預熱後以上火 200℃,下火 180℃烘烤 15 分鐘,將烤盤掉頭後改成上下火 180℃烘烤 15 分鐘。

模具裡面記得要鋪上一層烤盤紙,若直接去烤焙,它很容易黏在模子。

7 脫模、製作檸檬糖霜 蛋糕取出後脫模後放涼。準備製作檸檬糖霜的材料,作法很簡單就是檸檬汁加上糖粉拌勻後就可以使用。

8 裝飾 蛋糕烤完後表皮比較圓,因此把隆起的部分切掉一點點,把蛋糕切平,擠上檸檬糖霜抹平,撒上一點檸檬皮屑,放上裝飾用的翻糖並刷上鏡面果膠即完成。

裝飾用的翻糖也可以用杏仁膏做。翻糖刷上鏡面果膠後,就能呈現出晶亮感。

焦糖夏威夷豆蛋糕

〔 Caramel Cake with Macadamia Nuts 〕

中火將砂糖煮至金黃微焦狀態，加入鮮奶油製成焦糖醬，
再佐以綠胡椒及鹽花烘烤過的夏威夷豆，
這是一款甜鹹交織的常溫蛋糕。

榛果糖球 ———
焦糖醬
巧克力醬 ———
蛋糕體
調味夏威夷豆 ———

材料 *Ingredients*

【蛋糕體材料】

無鹽奶油	175g
糖粉	127g
杏仁粉	175g
蛋黃	64g
全蛋	119g
焦糖醬	151g
低筋麵粉	87g
泡打粉	5g
調味夏威夷豆	119g

【焦糖醬材料】

細砂糖	130g
動物性鮮奶油	130g

【調味夏威夷豆材料】

夏威夷豆	119g
鹽之花	7g
綠胡椒	2g

【烤焙堅果材料】

夏威夷豆	35g
核桃	35g
榛果	35g
南瓜子	35g

【裝飾材料】

榛果糖球
焦糖醬
巧克力醬
糖粉

【使用模具】

13cm*7cm*4cm 長方實底
鐵模 170g／1模　共 6 模

主廚的實作筆記 Notes

焦糖口味的常溫蛋糕是經典口味，其難度在於煮焦糖醬，以及焦糖醬加入蛋糕麵糊中的比例。夏威夷豆則用綠胡椒及鹽花烘炒調味，綠胡椒帶有花香，些許的辛辣味，可以適度為夏威夷豆增添風味，鹽花則選用台灣嘉義洲南鹽廠所產的旬鹽花，其特色在於鹽味在口中回甘悠長，令人難忘，風味豐富迷人。

1 **打發奶油與糖粉** 準備好材料中的無鹽奶油、糖粉，一起放入攪拌盆中打至 10 分發。

奶油一定要室溫回軟過，不要很冰很硬時就去打，會打不發因此一定要回軟。

2 **加入蛋黃與全蛋** 接著加入全蛋及全蛋，篩入杏仁粉、低筋麵粉、泡打粉拌勻。

加入全蛋時記得要分次加入，因為如果一次加入太多蛋液的話，奶油會無法吸收蛋液，會比較容易花掉，所以蛋要慢慢加入，會比較好乳化。

3 **煮好焦糖拌入麵糊** 準備好煮焦糖醬的材料，包括細砂糖跟動物性鮮奶油，在銅鍋裡放入細砂糖煮焦後，再把動物性鮮奶油煮熱沖入，最後再與麵糊一起拌勻。

這款蛋糕是做焦糖口味的蛋糕，所以麵糊裡面要加焦糖醬。

4 **加入調味夏威夷豆** 調味夏威夷豆是把夏威夷豆、鹽之花、綠胡椒加熱拌炒均勻。待焦糖醬與麵糊拌勻乳化後，再加入鹽之花夏威夷豆*一起攪拌均勻。

5 **入模** 將拌好的麵糊，裝入擠花袋中，擠到已經鋪入烘焙紙的模具中，大約 7-8 分滿即可，表面再嵌入稍微烘烤過的原味的綜合堅果。烤箱預熱後以上火 200℃，下火 180℃烘烤 15 分鐘，將烤盤掉頭後改成上下火 180℃烘烤 15 分鐘。

模具裡面記得要鋪上一層烤盤紙，若直接去烤焙，它很容易黏在模子上面，如但模具若使用的是矽膠模，就比較不會有沾黏的情況發生。

主廚的實作筆記 Notes

＊調味夏威夷豆

成分有夏威夷豆、鹽之花跟綠胡椒。這裡所使用的鹽之花很特別，是用嘉義的洲南鹽場在夏季所產的旬鹽花。在夏季採收的鹽之花，它味道是比較鮮明的，特色是回甘，鹽味的回甘會比較長一點風味上是比較迷人的。所以用這個，鹽炒夏威夷豆跟綠胡椒。這裡所使用的綠胡椒自帶花果香氣，用量只有一點點，讓風味上除了鹽味之外，還有花香的味道。

---

6 **脫模** 蛋糕取出後脫模後放涼。

7 **裝飾** 用榛果或夏威夷豆與焦糖做成糖球，擠花袋裡裝焦糖醬、巧克力醬，做兩個口味的搭配。裝飾時先擠焦糖，再擠巧克力、放上榛果糖球，最後再撒上薄薄的糖粉就可以了。

小山園抹茶栗子蛋糕

〔 Matcha Chestnut Cake 〕

京都小山園抹茶粉拌入蛋糕烘烤，
遇上來自法國的糖漬栗子，
讓日本與法國的美味相遇零時差！

剖面 *profile*

糖漬栗子 ————————— 金箔

糖粉 —————————— 栗子泥

抹茶蛋糕 ————————— 栗子蛋糕

材料 *Ingredients*

【抹茶麵糊材料】	
無鹽奶油	75g
細砂糖	53g
全蛋	75g
低筋麵粉	70g
抹茶粉	10g
泡打粉	1.5g
動物性鮮奶油	60g

【栗子麵糊材料】	
無鹽奶油	75g
細砂糖	48g
無糖栗子泥	23g
全蛋	75g
低筋麵粉	49g
杏仁粉	23g
泡打粉	1.5g
糖漬栗子碎	25g

【裝飾用栗子餡材料】	
有糖栗子泥	178g
無糖栗子泥	50g
動物性鮮奶油	94g
糖漬栗子金箔	
糖粉	

【使用模具】

直徑 7.5cm*高 6cm 星星
矽膠模 70g／1個　共 7 個

主廚的實作筆記 Notes

說到糖漬栗子，還是以法國產的是我的首選。
糖漬栗子在法國是以高級品在甜食店販售的，因此，我思考著如果與來自京都頂
級的小山園抹茶粉一起做成旅行蛋糕應該很有趣，而試做的結果讓我很滿意。因
為蛋糕保留了抹茶的香氣，整顆的糖漬栗子降低了茶葉的澀味，使用香草糖漿浸
泡過的栗子，厚實的氣味與口感和抹茶蛋糕有著微妙搭配，如果你也喜歡多層次
的風味與口感，一定要動手做做看。

製作步驟 *Directions*

1 **打發奶油與糖粉** 準備好材料中的無鹽奶油、糖粉，一起放入攪拌盆中打發，要打發一點，讓細砂糖完全溶解。再分次加入全蛋跟動物性鮮奶油拌勻。

奶油一定要室溫回軟過，不要很冰很硬時就去打會打不發，所以一定要回軟。加入全蛋時記得要分次加入，因為如果一次加入太多蛋液的話，杏仁膏會無法吸收蛋液，無法產生乳化。

2 **加入無糖栗子泥** 把全蛋跟粉類拌勻後，再加入無糖栗子泥一起攪拌均勻。

3 **加入粉料** 全蛋，動物性鮮奶油與無糖栗子泥拌勻後，再加入過篩後的低筋麵粉、泡打粉、抹茶粉。

4 **製作栗子麵糊** 將栗子麵糊中的材料無鹽奶油、細砂糖打發，分次加入全蛋拌勻，篩入泡打粉、低筋麵粉、杏仁粉過篩，再加入無糖栗子泥拌勻後加入糖漬栗子碎拌勻即完成。

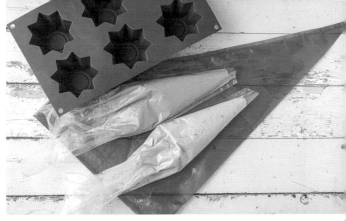

5 **放入擠花袋** 抹茶麵糊、栗子麵糊都準備好後，分別放入擠花袋中，準備好烘烤的模具。

6 **擠入模具** 把拌勻的麵糊放到 2 個拋棄式擠花袋中，再用一個大的拋棄式擠花把兩條麵糊平均塞進去。再從前面剪掉一個切口，同時施力就能把麵糊擠進烤模中，且會一半一半的很平均，擠餡時一樣就是約 7-8 分滿即可。
模具裡面記得要鋪上一層烤盤紙，若直接去烤焙，它很容易黏在模子上面，如但模具若使用的是矽膠模，就比較不會有沾黏的情況發生。（本篇示範使用矽膠模）

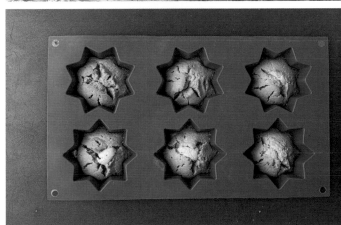

7 **烘烤脫膜** 烤箱預熱後以上火 200℃，下火 180℃烘烤 15 分鐘，將烤盤掉頭後改成上下火 180℃烘烤 20 分鐘，取出後脫膜。
烤焙後，可以看到麵糊各半，非常的均勻。

8 **裝飾** 先製作栗子泥餡，把有糖的跟無糖的栗子泥拌勻，加入動物性鮮奶油拌勻後再過篩，製作完的栗子餡擠到蛋糕上，撒上薄薄的糖粉，再放上整顆的糖漬栗子，最後再點上金箔即完成。

可麗露

〔 canelé 〕

法國波爾多地區的名產，
相傳發明於 18 世紀的修道院，外表有著焦黑脆殼，
內裡是柔軟帶有香草香氣的軟嫩組織。

剖面 *profile*

蛋糕體

材料 *Ingredients*

【蛋糕體材料】					【裝飾材料】
鮮奶(A)	155g	法國粉	120g		大銅模 70g／1模 共 10 模
細砂糖(A)	20g	黑蘭姆酒	15g		
無鹽奶油	30g				
香草莢	1 支	蜂蠟	200g		
鮮奶(B)	245g				
細砂糖(B)	180g				
全蛋	50g				
蛋黃	50g				

主廚的實作筆記 Notes

可麗露大概是必學甜點中的冠軍了，幾乎我遇到的學生都想學這道甜點，但是可麗露的難度頗高，若不詳細說明作法，或者帶著做一回，幾乎很難學會。這裡將清楚說明不失敗製作方法，讓可麗露完整呈現。

1 **全蛋拌勻**　先把全蛋、蛋黃、細砂糖拌勻，加入鮮奶(B)。鮮奶有兩個部分，一個部分是要煮，另一個部分要拌。

2 **加熱**　把鮮奶、香草莢、細砂糖、無鹽奶油煮到沸騰，再沖入作法 1 的全蛋鮮奶液中。

3 **加入法國粉、蘭姆酒**　把作法 2 整個沖完拌勻後，篩入鳥越法國粉，加入蘭姆酒後全部拌勻。

4 **過篩**　整個都拌完後要因為麵糊會有結塊，所以要過篩，讓麵糊更為細緻。之後要拿去冷藏，如果是當天要做的話，至少要冰 2 個小時，不急著做的話，冰 12 個小時以上再使用，做出來的組織會更漂亮。

製作時不要太厚，避免在吃可麗露時，蜂蠟的味道太重，嘴巴會出現皂味。

5 **模具披覆一層蜜蠟** 因為本書製作可麗露時使用的是傳統銅模，所以它裡面會先批覆一層蜜蠟，也就是蜂蠟。所以看到這樣照片的左邊是凝固的蜂蠟，模具裡面是融化的蜂蠟。作法是把蜂蠟加熱融化後，把它倒滿在模子裡，之後趁熱迅速把它倒出來，銅模內部及邊緣就有一層薄薄的蠟附著。

6 **入模** 把冰過的可麗露麵糊入模大概到八分滿左右，不要全滿，因為麵糊會膨脹所以要留一點空間。

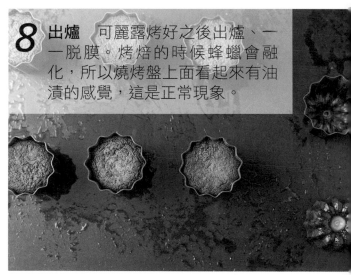

8 **出爐** 可麗露烤好之後出爐、一一脫膜。烤焙的時候蜂蠟會融化，所以燒烤盤上面看起來有油漬的感覺，這是正常現象。

7 **烤焙** 進行烘烤前要把烤箱預熱，以上火 200℃，下火 200℃烘烤 50 分鐘，將烤盤掉頭後改成上火 0℃下火 200℃烘烤 40 分鐘，即可取出。

烤可麗露的重點就是，在烤的過程中可麗露本身因受熱膨脹，而它的頂部膨脹就沒有辦法與模子貼合，所以焙烤需要的時間大概是 1 個半小時，在烤到 50 分鐘左右看到表面膨脹起來，就要把膨起來的可麗露敲回去，讓他的頂部與模子貼合，這樣才可以均勻上色。

要注意的是，在烤焙的過程中，把可麗露敲回去底部貼平，否則容易造成旁邊有上色，但頂部沒有上色。

PART *3*

風靡全世界的

圓形與夾層蛋糕

草莓鮮奶油蛋糕

〔 Shortcake 〕

本章節以世界各國著名的各類圓形及夾層蛋糕為主軸，
從蛋糕的內餡層次去瞭解世界各國蛋糕的文化與內涵，
讓我們從日式草莓鮮奶油蛋糕〈ショートケーキ〉出發吧！

剖面 *profile*

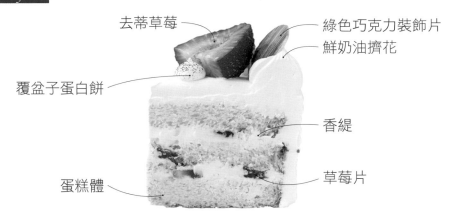

去蒂草莓

綠色巧克力裝飾片

鮮奶油擠花

覆盆子蛋白餅

香緹

蛋糕體

草莓片

材料 *Ingredients*

【蛋糕體材料】		【抹面鮮奶油】		【裝飾材料】	
全蛋	220g	植物性鮮奶油	800g	新鮮草莓	20 顆
蛋黃	80g			蛋白餅	
細砂糖	113g	香緹（夾餡用）		綠色巧克力裝飾片	
低筋麵粉	80g	動物性鮮奶油	460g	果膠	
無鹽奶油	70g	細砂糖	30g	開心果碎	
鮮奶	65g				

【使用模具】

6 吋實底蛋糕模 280g／模
共兩模

主廚的實作筆記 Notes

圓形及夾層蛋糕可說是蛋糕種類最經典道地的做法了，舉凡生日、節慶、婚禮都可看見口味多變的圓形及夾層蛋糕，世界各國也各有著名的蛋糕口味及作法。

而草莓鮮奶油蛋糕（ショートケーキ），則經常可在日劇或動漫中發現其身影，可愛的外觀，經典的口味搭配，可以說是專屬於日本的國民蛋糕。

這款蛋糕是由海綿蛋糕、鮮奶油、草莓這三個主要元素所構成的，近年來逐漸發展成使用產地限定草莓為特色，例如福岡產的甘王，或是顛覆印象的白草莓為主題製作。

＊濕性發泡

也就是拉起時呈現鳥嘴狀。濕性發泡就像是我們喝拿鐵上面的奶泡，屬於比較細緻的狀態。把全蛋打發，到有點像奶泡，呈現出緩慢滴落狀的程度。

1 蛋糕體製作，全蛋打至濕性發泡
攪拌盆裡的油脂還有水分要先擦拭乾淨後，再放入全蛋、蛋黃、細砂糖，快速打發至泛白後轉至中速打發至濕性發泡*像奶泡一樣就可以了，呈現比較細密紮實才不容易消泡。

打發前先進行「溫蛋」。也就是把冰箱取出的蛋黃、蛋白，以隔水加熱的方式到 40 度，再進行打發。

2 加入粉料及油脂 將低筋麵粉過篩、煮融的鮮奶跟無鹽奶油一起加入拌勻。

3 麵糊混合完入模烘烤 將麵糊倒入鋪好烘焙紙的 6 吋的蛋糕模中，並把空氣敲掉，進行烘烤。烤箱預熱後以上火 180℃，下火 150℃烘烤 15 分鐘，將烤盤掉頭後改成上下火 150℃烘烤 20 分鐘，取出後脫模。

4 製作香緹 烘烤的時間可以製作香緹，把動物性鮮奶油加入細砂糖打發即可做成夾餡。
另將抹面用植物性鮮奶油打發至堅挺。

5 組合 首先把蛋糕橫切成均等的 3 等份一共 3 片，先抹上香緹後再擺上新鮮草莓的切片。
草莓切片厚度儘量要一致平均，這樣蛋糕在進行夾餡的時候，才不會出現凹凸不平的情況，這也是做夾餡的一個技巧。

6 裝飾 先在蛋糕體上抹上植物性鮮奶油，刮出線條，上面抹平之後用鮮奶油擠花，擠上一圈，中間放上整顆去蒂草莓，並在上面抹上適量的果膠增加亮度，在空隙之中放上覆盆子蛋白餅，最後在邊邊放上綠色巧克力裝飾片，在蛋糕最下方用開心果碎做裝飾，如此不但可以增色，沾在蛋糕邊底下的作用也在於，當我們在抹蛋糕時，底部通常都比較會出現凹凸不平的情況，所以沾上一些開心果碎可為底部做修飾。
這款蛋糕的組合很單純，就只有海綿蛋糕、鮮奶油、草莓。而近年來比較在著重的部分是在草莓的使用上。台灣的草莓真的很好吃，不過在進行拍照的這個季節，因為草莓季已經過了，所以沒有用到台灣的草莓，是比較可惜的地方。

紅絲絨蛋糕

〔 Red Velvet Cake 〕

來自美國的紅絲絨蛋糕，由紐約華爾道夫飯店發揚光大，
品嘗時蛋糕輕盈滑順如絲絨般的口感為其特色，
華麗的紅色蛋糕體搭配白色的乳酪奶霜餡，賦予蛋糕時尚感。

剖面 *profile*

蛋糕屑

乳酪糖霜餡

蛋糕體

裝飾用巧克力

材料 *Ingredients*

【蛋糕體材料】
〈兩顆六吋 1000g ／盤〉

鮮奶	437g
白酒醋	7g
初榨橄欖油	218g
全蛋	267g
食用紅色素	12g
香草莢醬	16g
法國粉 T55	546g
糖粉	546g
可可粉	24g
泡打粉	12g
鹽	5g

【乳酪糖霜材料】
〈120 ／層〉

奶油乳酪	750g
無鹽奶油	125g
糖粉	500g
黃檸檬皮	15g

【裝飾材料】

蛋糕屑
大的粉紅色巧克力圈

【使用模具】

烤盤長 60cm*40cm

主廚的實作筆記 Notes

一直以來對道地的紅絲絨蛋糕充滿好奇，約莫 10 年前，自美國紐約歸來的廚師朋友，邀請我和他一起為聚會準備甜點，在那份甜點菜單裡就有道地的紐約紅絲絨蛋糕，當時我真是太開心了，因為能從朋友身上一窺最道地的紅絲絨蛋糕製作的祕密。

‧製作蛋糕屑

切完後邊邊角角剩餘的部分可以用來製作蛋糕屑。製作技巧就是把壓模後剩下一些邊邊角角過於鬆軟的部分再拿回去烤、稍微烘乾，等乾了之後用篩網搓揉出我們要的粗細度就可以使用了。

1 鮮奶香草莢加熱　準備好鮮奶以及香草莢醬，把鮮奶與香草莢醬一起放入銅鍋裡面加熱，不用煮到滾，煮至 80℃即可。

2 白酒醋、橄欖油、食用紅色素拌勻　攪拌盆中放入白酒醋、橄欖油、食用紅色素一起攪拌均勻後備用。

3 加入粉料　把法國粉、糖粉、可可粉、泡打粉、鹽全部過篩後，與鮮奶香草莢、酒醋、初榨橄欖油、食用紅色素全部一起拌勻。

4 加入全蛋　拌勻的麵糊中，分次加入全蛋，再次攪拌拌勻。

5 **入模烘烤** 拌勻的麵糊倒入烤盤中，把表面抹平。烤箱預熱後以上火 200℃，下火 150℃烘烤 10分鐘，將烤盤掉頭後改成上下火 150℃烘烤 10 分鐘。做這款蛋糕是 6 吋的，所以烤完之後放涼，再用慕斯蛋糕框去壓出圓片蛋糕，烘烤出一盤，大約可以壓出 6 片做出 2 個蛋糕。

6 **製作內餡乳酪糖霜** 先把奶油乳酪、無鹽奶油、檸檬皮一起打發、打軟，加糖粉後繼續打發。原則上打發到越鬆軟越好就完成了內餡。

7 **製作夾層** 內餡做完之後就可以進行夾層，這個蛋糕的組合就是將乳酪糖霜餡抹在蛋糕表面上。製作 2-3 層的夾層。

8 **裝飾** 再以蛋糕屑、蛋糕體、乳酪餡一層一層建構好，最後以大的粉紅色巧克力圈在底部做裝飾即完成。

歌劇院蛋糕

〔 Gâteau Opéra 〕

歌劇院蛋糕屬於法國的高級甜點，
主要口味為咖啡奶油霜及巧克力甘納許（Ganache），
兩者的風味要平衡搭配。

剖面 profile

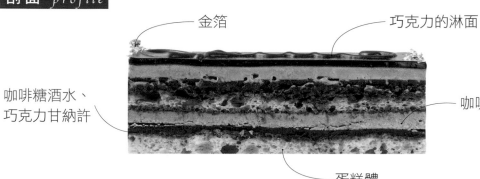

金箔　　　　　　　　　巧克力的淋面

咖啡糖酒水、
巧克力甘納許　　　　　　　　　　　咖啡奶油霜

蛋糕體

材料 Ingredients

【蛋糕體材料】

全蛋	240g
細砂糖(A)	24g
糖粉	96g
杏仁粉	180g
泡打粉	3g
低筋麵粉	48g
蛋白	144g
細砂糖(B)	60g
無鹽奶油	48g

【咖啡奶油霜材料】

〈130／層〉

細砂糖	55g
麥芽糖	15g
水	14g
全蛋	35g
無鹽奶油	175g
咖啡醬	17.5g

【咖啡醬材料】

波美糖漿（30度）	24g
水	16g
咖啡粉	27g

【巧克力甘納許材料】

〈120／層〉

黑巧克力 72%	102g
可可脂	23g
動物性鮮奶油 98g	
麥芽糖	13g
葡萄糖漿 13g	

【咖啡糖酒液材料】

水	82g
波美糖漿（30度）	82g
卡魯哇咖啡酒	16g
咖啡醬	20g

【巧克力淋面材料】

水	60g
可可粉	48g
細砂糖	120g
鮮奶	120g
杏桃果膠	120g
動物性鮮奶油	120g
吉利丁片	18.5g

【30度波美糖漿材料】

礦泉水	100g
細砂糖	135g

【使用模具】】

30cm*15cm*5cm 慕斯框
一模

主廚的實作筆記 Notes

這款的蛋糕體是杏仁海綿蛋糕（Biscuit Joconde），蛋糕傳統層次為 7 層，2 層為
刷上咖啡糖漿的蛋糕體、另外 2 層為咖啡奶油霜，及 3 層的巧克力甘納許
（Ganache）。

1 蛋糕體製作，全蛋打至濕性發泡　攪拌盆裡的油脂還有水分要先擦拭乾淨後，再放入全蛋、細砂糖打至濕性發泡，再篩入糖粉、杏仁粉、泡打粉、低筋麵粉。蛋白、細砂糖(B)打至濕性發泡後備用。
從冰箱取出的全蛋，以隔水加熱的方式到 40℃，取出後備用。

2 加入融化後的無鹽奶油　將麵糊與蛋白混合均勻後，再加入融化好的無鹽奶油，一起攪拌均勻。

3 倒入烤盤　將全部拌好的麵糊倒入鋪好烘焙紙的烤盤中抹平，並把空氣敲掉。進行烘烤。烤箱預熱以上火 200℃，下火 180℃烘烤 10 分鐘，將烤盤掉頭後改成上下火 180℃烘烤 3 分鐘，取出，待涼後切成長 9 公分、寬 3公分共 12 片。

4 製作巧克力甘納許　將動物性鮮奶油、麥芽糖、葡萄糖漿先加熱煮滾，加熱完後，把黑巧克力跟可可脂放到加熱完的鮮奶油裡面溶解拌勻就可以使用了。

5 **製作其他材料** 巧克力鏡面是把水、細砂糖、鮮奶、杏桃果膠、動物性鮮奶油一起煮滾，加入可可粉拌勻，再加入泡軟的吉利丁後拌勻過篩。咖啡糖酒水是把水跟 30 度波美糖漿、卡嚕哇咖啡酒、濃縮咖啡醬一起煮熱後冷卻。30 度波美糖漿是把礦泉水跟細砂糖加熱後即完成。

6 **製作咖啡奶油霜** 波美糖漿水、咖啡粉一起煮滾拌勻做成咖啡醬。把細砂糖、麥芽糖、水煮到 117℃後沖到全蛋內打發。無鹽奶油、咖啡醬拌勻打發完，加入全蛋麵糊一起拌勻。

7 **組合** 模具底部鋪上一層蛋糕體，刷上咖啡糖酒水，把蛋糕體充分沾濕。這裡可以看到左邊蛋糕體已經沾過咖啡糖酒水，所以顏色比較深。右邊這個蛋糕體是沒有沾過的。接著抹上巧克力甘納許，並等它稍微凝固後再擠上咖啡奶油霜。

8 **裝飾** 稍微冰硬後，再淋上一層巧克力的淋面，沾上金箔，最後在蛋糕表面寫上 Opéra 即完成。

以此類推，程序上一層蛋糕體、刷上咖啡糖酒水、擠上巧克力甘納許然後再擠上咖啡奶油霜之後重複動作 2 次，完成後拿去冰。

柴薪蛋糕

〔 Bûche de Noël 〕

聖誕節慶時會享用的蛋糕，
主要風味為苦甜巧克力搭配香橙干邑酒，
外表用鮮奶油裝飾成樹幹的外觀，再放上聖誕相關飾品。

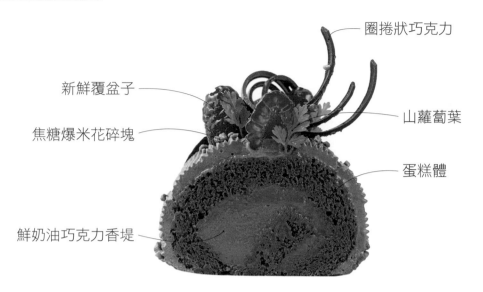

圈捲狀巧克力

新鮮覆盆子

山蘿蔔葉

焦糖爆米花碎塊

蛋糕體

鮮奶油巧克力香堤

材料 *Ingredients*

【蛋糕體材料】

蛋黃	340g
蜂蜜	40g
細砂糖(A)	80g
榛果醬	60g
鮮奶	100g
無鹽奶油	20g
黑巧克力 75%	40g
低筋麵粉	80g
玉米粉	28g
可可粉	40g
蛋白	380g
細砂糖(B)	160g
檸檬汁	10g

【橙酒香緹材料】

〈250g／1捲〉

動物性鮮奶油(A)	300g
動物性鮮奶油(B)	200g
黑巧克力 66%	180g
君度橙酒	30g

【咖啡酒糖液材料】

細砂糖	125g
礦泉水	125g
濃縮咖啡	50g
君度橙酒	50g

【裝飾材料】

鮮奶油巧克力香堤
雪花巧克力片
新鮮覆盆子
圈捲狀巧克力
山蘿蔔葉
焦糖爆米花

【使用模具】

烤盤長 60cm*40cm

1 **打發蛋黃** 攪拌盆裡的油脂還有水分要先擦拭乾淨後，再放入蛋黃、蜂蜜、細砂糖(A)，以快速打發至泛白後轉至中速打至全發。
打發前先進行「溫蛋」。也就是把冰箱取出的蛋黃、蛋白，以隔水加熱的方式到 40 度，再進行打發。

2 **加入油脂** 蛋黃打發完後，把無鹽奶油、鮮奶、榛果醬、蜂蜜加熱到沸騰後沖入黑巧克力中拌勻，直到巧克力溶解，然後加入打發的蛋黃糊中。

3 **蛋白打到濕性發泡** 另取一個攪拌盆，攪拌盆裡的油脂還有水分要先擦拭乾淨後放入蛋白、檸檬汁，打發至發泡後，加入 1／3 的細砂糖(B)，以快速打發至有紋路後再分兩次把細砂糖加入並打發至濕性泡。

4 **混合麵糊與蛋白** 把已經打發的蛋白跟前面的蛋黃巧克力麵糊一起做混合。

也就是拉起時呈現鳥嘴狀。蛋白中加入砂糖打發後的氣泡會更為細密且安定性高，不過加入砂糖時最好要分成 2-3 次，邊加入邊打發，避免一次將砂糖倒入會導致蛋白濃度過高造成打發失敗。

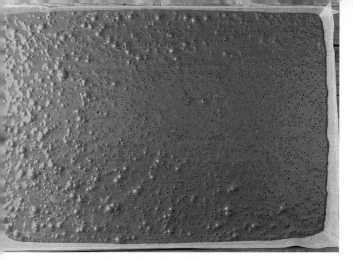

5 **麵糊倒入烤盤中** 將麵糊倒入已經鋪好烘焙紙的烤盤中,將表面抹平後把空氣敲掉。將烤箱預熱後,以上火 200℃,下火 150℃ 烘烤 10 分鐘,將烤盤掉頭後改成上下火 150℃烘烤 3 分鐘。

6 **製作咖啡酒糖液** 烘烤的時間可以製作咖啡酒糖液。準備好製作咖啡酒糖液的材料,包括細砂糖、水、濃縮咖啡、君度橙酒煮一起拌勻煮熱,等冷卻就可以使用,做好後會用毛刷沾刷在蛋糕表面。

7 **製作澄酒香堤** 把材料中的動物性鮮奶油(A)打發,加入融化黑巧克力、君度橙酒、動物性鮮奶油(B)一起拌勻後即完成。

8 **沾上咖啡酒糖液** 檯面上鋪上白報紙將烤好的蛋糕體倒扣,去除烘焙紙,把咖啡酒糖液沾刷在蛋糕上面,只要有沾附到的程度就可以。
因為這個蛋糕是要做成捲,如果吸收了太多酒糖液,蛋糕體就會太軟爛,進行捲的時候會崩掉或裂掉。

9 抹餡 將澄酒香堤均勻的抹在蛋糕體上，抹平後進行捲製，把擀麵棍慢慢往前移動，讓蛋糕捲收口朝下靜置等待蛋糕定型。

10 進行裝飾 蛋糕捲表面用鋸齒狀的擠花嘴平均的擠上鮮奶油巧克力香堤，讓它出現條紋狀，在蛋糕卷的前後貼上雪花巧克力片，然後在上面放上新鮮覆盆子、圈捲狀巧克力*、山蘿蔔葉、焦糖爆米花碎塊，一起做點綴即完成。

主廚的實作筆記 Notes

柴薪是樹幹的意思所以我們要做出樹幹的紋路。

台灣每年都有舉辦聖誕柴薪蛋糕的競賽，當然我也指導過競賽的蛋糕設計製作，並獲得獎項，將這款美味的柴薪蛋糕重現出來分享給大家。

這款蛋糕他主要的味道就是巧克力跟橙酒，也是冬天聖誕節天氣寒冷時吃的，所以他的酒味會比較重一點。

＊圈捲狀的巧克力

製作圈捲狀的巧克力是以調溫巧克力來進行，作法是將切成細長形的慕斯圍邊膠片放在大理石板上，以平放的方向固定好，並在膠片最上方倒上適量的調溫過的巧克力，以刮板朝由左往右薄薄推展開來。

再用齒梳劃出線條，以刮板刮除外側多餘的巧克力，迅速的從大理石板把慕斯圍邊膠片取下、圍繞扭轉放在擀麵棍上，兩端加以固定，等凝固後即可將膠片拆除。

布列塔尼蛋糕

〔 Brittany Cake with Apricots 〕

外表微酥焦香，內裏蛋糕口感濕潤宛如布丁，
包裹著酒糖漬蜜棗或是杏桃，
來自法國布列塔尼區的特色蛋糕！

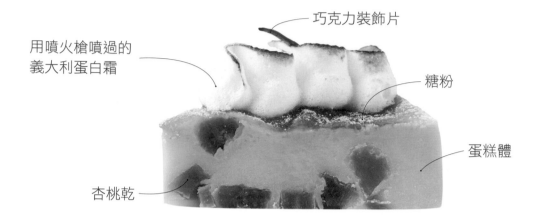

用噴火槍噴過的
義大利蛋白霜

巧克力裝飾片

糖粉

蛋糕體

杏桃乾

材料 *Ingredients*

【蛋糕體材料】

低筋麵粉	120g
細砂糖	120g
鹽	2g
全蛋	150g
無鹽奶油	60g
鮮奶	500g
酒漬杏桃乾	120g

【酒漬杏桃乾材料】

黑蘭姆酒	250g
杏桃乾	120g

【裝飾材料】

義大利蛋白霜
巧克力裝飾片
糖粉

【使用模具】

6吋實底蛋糕模 450g／1模
共兩模

主廚的實作筆記 Notes

這款布列塔尼蛋糕台灣不常見到，但在歐洲國家真的很隨處常見到相似的口感與
造型的蛋糕，蛋糕內的蜜棗乾還算是熟悉的味道，杏桃乾就少見了，其實歐系的
蛋糕很常使用杏桃醬製作糕點，就用這道甜點一起來認識杏桃的美味吧。

1 **全蛋拌勻** 攪拌盆裡的油脂還有水分要先擦拭乾淨後,再放入全蛋、細砂糖、鹽微微打發。低筋麵粉充分過篩後備用。

所使用的蛋事先要進行「溫蛋」。也就是把從冰箱取出的蛋,以隔水加熱的方式到 40℃,取出後備用。

2 **加入無油脂及粉料** 把無鹽奶油、鮮奶煮滾。在拌勻全蛋裡,先加入粉料材料一起拌勻成麵糊,再將煮滾的無鹽奶油、鮮奶沖入後一起攪拌均勻。

沖入時也是溫度熱的時候進行,因為要讓麵糊有點熟化,這個蛋糕的組織吃起來會比較 Q,沖下去的溫度也是大概 90℃-100℃之間就可以。

3 **麵糊過濾** 把攪拌完的麵糊以濾網過濾。這個麵糊屬於沒有打發的狀態,所以是比較液態的,裡面的水分會比較多,粉比較少,這種情形也比較容易有結塊,所以要把麵粉的結粒、結塊把它篩掉,以免影響口感。

4 **泡杏桃乾** 杏桃乾加上黑蘭姆酒,這個部分先泡到至少 12 個小時,如果能放隔夜更好讓它吸收酒的水分,使用時剪成小塊就可以了。

製作蛋糕前,可以先進行這個部分,才能讓杏桃乾更為入味。

5 **杏桃乾瀝乾剪成小塊** 杏桃乾泡軟後，取出、瀝乾湯汁，並且把它剪成塊狀部分鋪在蛋糕底下，其餘部分與麵糊拌勻，倒入模具中。將烤箱預熱後，以隔水烘烤的方式，以上火 200℃，下火 180℃烘烤 15 分鐘，將烤盤掉頭後改成上下火 180℃烘烤 20 分鐘。

6 **裝飾** 蛋糕烤好了後，取出，切成 6 等份。在每一個蛋糕上先擠上義大利蛋白霜，用噴火槍噴一下，讓上面出現焦化，有一點焦色。再放一條巧克力裝飾片，然後再撒上薄薄的糖粉即完成。

黑森林蛋糕

〔 Black Forest Cake 〕

這款黑森林蛋糕，所使用的櫻桃酒含量足以明顯品嘗出酒味，
蛋糕內餡以白巧克力鮮奶油鮮奶油搭配櫻桃，
有別於市售蛋糕的口感。

剖面 *profile*

金箔

酒漬櫻桃

白巧克力香緹

扇形的巧克力裝飾片
落葉狀巧克力、
不規則的片狀巧克力

白巧克力香緹

蛋糕體

材料 *Ingredients*

【黑森林蛋糕材料】

全蛋	220g
蛋黃	80g
細砂糖	113g
低筋麵粉	60g
無鹽奶油	70g
鮮奶	65g
可可粉	30g

【白巧克力香堤材料】

〈140／層〉

動物性鮮奶油	750g
轉化糖漿	50g
白巧克力 29%	375g
吉利丁片	12.5g

【櫻桃酒糖液材料】

礦泉水	116g
細砂糖	72g
櫻桃白蘭地	41g

【內餡水果材料】

〈70 g ／層〉

酒漬櫻桃	280g

【裝飾材料】

扇形的巧克力裝飾片
落葉狀巧克力
不規則的片狀巧克力
巧克力屑
酒漬櫻桃

白巧克力香緹
金箔
防潮糖粉

【使用模具】

六吋實底蛋糕模 280g／1模
共兩模

1 **準備好做白巧克力香緹的材料**　所需要的材料有動物性鮮奶油、白巧克力、轉化糖漿、吉利丁。

2 **製作白巧克力香緹**　做法就是把動物性鮮奶油、轉化糖漿加熱，加熱後把它沖到巧克力跟吉力丁片裡面融化就可以了。做完的香緹需要冷藏 12 個小時，等它凝固，然後把它做打發至鳥嘴狀可以豎起來的程度就可以當成夾餡來使用。

3 **全蛋打發至濕性發泡**　攪拌盆裡的油脂還有水分要先擦拭乾淨後，再放入全蛋、蛋黃、細砂糖、把它打發到綿密細緻像奶泡一樣的狀態。篩入低筋麵粉、可可粉一起拌勻。
所使用的蛋事先要進行「溫蛋」。也就是把從冰箱取出的蛋，以隔水加熱的方式到 40℃，取出後備用。

4 **無鹽奶油煮融**　將蛋糕體的油脂，包括鮮奶、可可粉、無鹽奶油放入銅鍋中煮至奶油融化，把它拌勻。另起一鍋把水、細砂糖、櫻桃白蘭地這三個材料煮滾、放涼就是櫻桃酒糖液。

5 **入模** 將全蛋麵糊與煮融的油脂混合均勻，倒入六吋圓模具中。把烤箱預熱好，在烤盤上鋪入烘焙紙，倒入麵糊後抹平，並把空氣敲掉，以上火 180℃，下火 150℃烘烤 15 分鐘，將烤盤掉頭後改成上下火 150℃烘烤 20 分鐘，取出。

6 **做夾餡** 蛋糕體把它橫切成成 3 等份，刷上櫻桃酒糖液並抹上白巧克力香緹，再放上對半切的酒漬櫻桃，稍微輕壓到餡裡面，這裡會夾 3 片蛋糕 2 層餡。
這裡所製作是比較正統的黑森林蛋糕，所以用的是酒漬櫻桃，酒味會比較重。

7 **裝飾** 扇形的巧克力裝飾片 以及落葉狀巧克力擺滿在蛋糕上，蛋糕邊邊是用不規則的片狀巧克力去貼邊。蛋糕的表面裝飾，用巧克力屑、還有落葉巧克力、點上一些金箔，再撒上一點防潮糖粉即完成。

> **主廚的實作筆記 Notes**
>
> 德國為了正名黑森林蛋糕，對製作有嚴格要求，並於 2003 年頒佈規定：
> 1 黑森林蛋糕是一款櫻桃酒鮮奶油蛋糕，櫻桃酒的含量必須足以明顯品嘗出酒味。
> 2 蛋糕內餡必須以鮮奶油搭配櫻桃。
> 3 1 公斤的鮮奶油必須含有酒精濃度達 40%的櫻桃酒，至少 50ml 以上。
> 4 蛋糕體必須是巧克力戚風蛋糕體，且至少含 3%的可可，蛋糕底層要使用酥脆的派皮餅乾。
> 5 蛋糕最外層要用鮮奶油包覆，並以巧克力碎裝飾。
> 一個國家為一款蛋糕頒佈製作規定，可見其受重視的程度，在德國吃到的黑森林蛋糕也依循著規定製作，有濃厚的櫻桃酒味，與台灣一般吃到的黑森林蛋糕有很大的差異。

攝政王蛋糕

〔 Prinzregententorte 〕

德國在 1886 年時，為祝賀 Luitpold 攝政王生日而作的蛋糕。
後來以攝政王的名號為它取名，蛋糕以有七層海綿蛋糕為特色，
代表巴伐利亞王國管轄的七個地區，
蛋糕夾餡為巧克力奶油霜餡，搭配杏桃醬，最後外層再抹上巧克力奶油霜餡。

剖面 *profile*

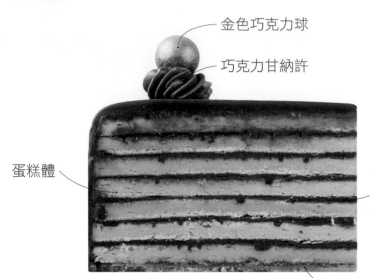

金色巧克力球

巧克力甘納許

蛋糕體

巧克力奶油霜、
巧克力甘納許

法式塔皮、杏桃果醬

材料 *Ingredients*

【蛋糕體材料】

無鹽奶油	600g
去蛋糕皮	
細砂糖	100g
蛋黃	400g
香草醬	10g
蛋白	600g
細砂糖	300g
低筋麵粉	320g
玉米粉	80g
泡打粉	4g

【巧克力奶油霜材料】

〈30g／層〉

無鹽奶油	225g
動物性鮮奶油	150g
細砂糖	150g
全蛋	50g
鹽	2g
香草莢醬	5g
黑巧克力 70%	150g

【底層內餡材料】

杏桃果醬	50g

【巧克力甘納許材料】

黑巧克力 70%	105.5g
牛奶巧克力 36%	105.5g
可可脂	46g
動物性鮮奶油	238g
麥芽糖	28g
葡萄糖漿	28g

【裝飾材料】

巧克力甘納許
金色巧克力球

【使用模具】

直徑 20cm*高 4.5cm 圓形
八吋慕斯框　　　共 1 個

1 打發奶油與糖粉　攪拌盆裡放入室溫回軟過的奶油、細砂糖、香草醬把它打發後拌勻，再依序把蛋黃、全蛋加進去打勻。蛋白、細砂糖打發至濕性發泡。

加入全蛋時記得要分次加入，因為如果一次加入太多蛋液的話，杏仁膏會無法吸收蛋液，無法產生乳化。

2 麵糊蛋白粉料一起拌勻　將打發完的蛋黃奶油麵糊，以及打發的蛋白一起拌勻，再加入低筋麵粉、玉米粉、泡打粉一起拌勻。

3 入模具　把拌勻的麵糊倒入已經鋪入烘焙紙的烤盤中，抹平。烤箱預熱後以上火 200℃，下火 180℃烘烤 15 分鐘，將烤盤掉頭後改成上下火 180℃，繼續烘烤 5 分鐘，取出壓出圓片。

4 製作法式塔皮　把無鹽奶油、糖粉、鹽拌勻，分次加入全蛋再次拌勻，最後篩入低筋麵粉、高筋麵粉、杏仁粉拌勻後冷藏鬆弛 2 個小時擀平壓成八吋圓片。烤箱預熱後以上火 200℃，下火 180℃烘烤 15 分鐘。

5 **製作蛋奶醬** 首先把全蛋、細砂糖拌勻，再把動物性鮮奶油、香草莢醬煮熱，等加熱完後沖入全蛋、細砂糖中拌勻收稠。

6 **製作巧克力奶油霜** 將巧克力奶油霜裡的 70%黑巧克力隔水融化，再把無鹽奶油打發後與蛋奶醬一起混合拌勻。

7 **製作巧克力甘納許** 黑巧克力、牛奶巧克力、可可脂先混合好，鍋中放入動物性鮮奶油、麥芽糖、葡萄糖漿加熱至 40℃後，再加入巧克力中一起溶解。

8 **塔皮抹醬** 先取一片塔皮，上面以杏桃果醬塗滿整個塔皮，放上蛋糕片。
攝政王蛋糕是用塔皮去當底，蛋糕體比較薄又很多層，所以需要塔皮做為支撐，否則蛋糕很容易塌掉，或是剷的時候容易爛掉。

9 **抹上夾層餡料** 蛋糕片上先抹上巧克力奶油霜，再抹上巧克力甘納許後把它抹平，7 層重複這樣的夾法。

主廚的實作筆記 Notes

到慕尼黑參加世界賽時，曾想著要到當地百年咖啡館 Luitpold 去喝咖啡品嘗甜點，其中我最想品嘗的就是代表該店的招牌攝政王蛋糕，可惜因忙於競賽沒多安排時間前往，可以說是慕尼黑之行最大的遺憾之一。

10 **裝飾** 抹完面後，用菊花花嘴擠上小花，上面放金色巧克力球就可以了。

最外層蛋糕抹面，就是先用巧克力奶油霜把它抹勻後，放入冰箱冰硬取出，用內餡的甘納許做抹面並把它抹勻。

從剖面圖可以清楚看到有 7 層蛋糕，一片塔皮。裡面的餡都是一樣的，就是有巧克力奶油霜、巧克力甘納許，只有最底層的塔皮抹的是杏桃果醬。

巴斯克乳酪

〔 Basque Cheese Cake 〕

巴斯克乳酪蛋糕這個名字是由日本糕餅業者，發揚而出名的，
起源地為位於西班牙巴斯克自治區聖賽巴斯提安的蛋糕店 La Viña，
而該店給蛋糕的命名為家庭製作的乳酪蛋糕。

剖面 *profile*

糖粉

打發鮮奶油

蛋糕體

材料 *Ingredients*

【蛋糕體材料】		【裝飾材料】	【使用模具】
奶油乳酪	450g	打發鮮奶油	六吋實底蛋糕模 500g／1顆
香草糖	150g	糖粉	共 2 顆
全蛋	130g		
低筋麵粉	20g		
動物性鮮奶油	220g		
黑蘭姆酒	20g		

主廚的實作筆記 Notes

巴斯克乳酪是一個比較家庭式的乳酪蛋糕，近幾年也非常火紅，它的特色在於烤焙上，可以烤得比較焦化一點，也就是顏色烤得比較深一點，不是烤黑也不是烤焦，所以還是要注重烤焙的這個部分。

旅行西班牙時，一路上都沒見過也沒吃過所謂的巴斯克乳酪蛋糕，數年後，這款蛋糕突然在日本爆紅，一款烘烤得黑黑焦焦的蛋糕，心想這有什麼技術性嗎，不過就是烤焦？但在試作過起源店的乳酪蛋糕後，發現了其魅力所在，烤焙後外表焦香的起司，柔滑軟嫩的內餡，簡單果然不簡單。

1 **乳酪加熱加入香草糖**　把奶油乳酪先加熱，以微波加熱的方式讓它軟化，軟化後，我們加入香草糖拌勻，這邊是拌到糖溶解的狀態。

放入微波爐加熱時，可以把秒數設在 10-30 秒，觀察看看軟化程度，視需要繼續加熱。

2 **再分次加入全蛋**　接著再分次加入全蛋後攪拌均勻。

加入全蛋時記得要分次加入，因為如果一次加入太多蛋液的話，奶油會無法吸收蛋液，麵糊會比較容易花掉，所以蛋要慢慢加入，乳化狀況會比較好。

3 **加入動物性鮮奶油、黑蘭姆酒**　分次加入動物性鮮奶油、黑蘭姆酒一起拌勻，讓它充分乳化就可以了。

4 **加入粉料**　把低筋麵粉充分過篩，再倒入打發的全蛋麵糊裡面再次拌勻。

5 **入模烘烤**　把拌勻的麵糊倒入已經鋪上烘焙紙的模具中，約 7-8 分滿即可。烤箱預熱後以上火 200℃，下火 180℃烘烤 60 分鐘，取出、放涼。

模具裡面記得要鋪上一層烤盤紙，若直接去烤焙，它很容易黏在模子上面，如但模具若使用的是矽膠模，就比較不會有沾黏的情況發生。

6 **裝飾**　用打發鮮奶油做成橄欖型的形狀來做為裝飾，擺在蛋糕上面後再撒上薄薄的糖粉即完成。

薩赫蛋糕

〔 Sachertorte 〕

奧地利維也納起源的薩赫蛋糕，
至今蛋糕的創始店 Hotel Sacher 依然存在，
甜點迷可列為必訪景點！

剖面 *profile*

白巧克力可可豆裝飾

巧克力甘納許

杏桃果醬

蛋糕體

材料 *Ingredients*

【蛋糕體材料】

杏仁膏	400g
糖粉	150g
細砂糖	150g
全蛋	138g
蛋黃	250g
低筋麵粉	125g
可可粉	125g
蛋白	375g
無鹽奶油	125g

【巧克力內餡材料】

150g／第一層

黑巧克力 70%	500g
動物性鮮奶油	400g

75g／第二層

葡萄糖漿	120g
無鹽奶油	250g

【巧克力甘納許材料】

黑巧克力 70%	211g
可可脂	46g
動物性鮮奶油	238g
麥芽糖	28g
葡萄糖漿	28g

【橙酒糖酒液材料】

礦泉水	116g
細砂糖	72g
君度橙酒	41g

【內餡果醬材料】

杏桃果醬	400g

【裝飾材料】

巧克力甘納許
白巧克力可可亞裝飾

【使用模具】

直徑 15.5cm*高 5cm 六吋
慕斯框　　　　　共 2 顆

1 **打發蛋糕體** 先準備好材料，包括杏仁膏、糖粉、細砂糖。把杏仁膏加熱後，再把糖粉、細砂糖加入一起拌勻。

2 **加入全蛋** 把全蛋分次加入，篩入可可粉、低筋麵粉一起拌勻成麵糊，再加入融化的無鹽奶油一起拌勻。

加入全蛋時記得要分次加入，因為如果一次加入太多蛋液的話，奶油會無法吸收蛋液麵糊會比較容易花掉，所以蛋要慢慢加入，乳化狀況會比較好。

3 **蛋白打發至濕性發泡** 攪拌盆裡放入蛋白，打發至發泡後加入 1／3 的細砂糖，以快速打發至有紋路後再分兩次加入剩下的細砂糖打發至濕性泡，再與蛋黃麵糊拌勻，倒入鋪上烘焙紙的模具中抹平。烤箱預熱後以上火 200℃，下火 180℃烘烤 10 分鐘，將烤盤掉頭後改成上下火 180℃烘烤 3 分鐘。

4 **製作內餡** 先把動物性鮮奶油、葡萄糖漿加熱，加熱之後沖入巧克力裡面拌勻，再加入無鹽奶油一起攪拌至奶油融化。

5 **組合** 內餡只有杏桃果醬跟巧克力內餡。蛋糕先抹一上層杏桃果醬，再抹上巧克力內餡，這是固定的組合模式。銅鍋裡裝了巧克力甘納許*，把它淋在蛋糕表面，用巧克力甘納許做了淋面後，可以看到表面變得光滑晶亮。

6 **裝飾** 以巧克力甘納許做為淋面後，再用白巧克力做一個可可造型的裝飾品放到蛋糕上面即完成。

主廚的實作筆記 Notes

人生中第一次學習製作有故事性的傳統甜點就是薩赫蛋糕，當時這款甜點真是改變了我學習甜點的態度，開始懂得去了解甜點的起源與故事，開啟了眼界，也創造了新的開始。

＊製作巧克力甘納許
把黑巧克力、牛奶巧克力、可可脂，鍋中放入動物性鮮奶油、麥芽糖、葡萄糖漿加熱之後，加入巧克力一起溶解。
【配圖7】
蛋白中加入砂糖打發後的氣泡會更為細密且安定性高，不過加入砂糖時最好要分成 2-3 次，邊加入邊打發，避免一次將砂糖倒入會導致蛋白濃度過高而造成打發失敗。

貝禮詩奶酒巧克力蛋糕

〔Baileys Chocolate Cake〕

此款蛋糕為 IBA 世界甜點大賽手製巧克力內餡所衍生的蛋糕作品，
運用貝禮詩香甜奶酒（Baileys）混合苦甜巧克力所製作的甘納許為內餡，
蛋糕體則以杏仁蛋糕為主體製做。

剖面 *profile*

白巧克力羽毛

巧克力淋面

奶酒甘納許

奶酒糖液

蛋糕體

材料 *Ingredients*

【蛋糕體材料】（一盤）

杏仁膏	381g
糖粉	70g
全蛋	146g
蛋黃	73g
可可粉	60g
低筋麵粉	30g
玉米粉	37g
蛋白	232g
細砂糖	31g
無鹽奶油	65g

【奶酒甘納許材料】

〈250／層〉

黑巧克力 72%	211g
可可脂	46g
動物性鮮奶油	201g
貝禮斯奶酒	37g
麥芽糖	28g
葡萄糖漿	28g

【奶酒糖液材料】

礦泉水	77g
細砂糖	48g
貝禮斯奶酒	27g

【巧克力淋面材料】

黑巧克力 72%	79g
動物性鮮奶油	66g
麥芽糖	8g
吉利丁片	2.5g

【裝飾材料】

巧克力淋面
白巧克力的羽毛
金粉

【使用模具】

30cm*15cm*5cm 慕斯框
一模

主廚的實作筆記 Notes

IBA 世界大賽我做了一款手製巧克力有用到的內餡，風味我蠻喜歡的，所以在這次的書裡，我把它做成蛋糕的內餡。

IBA 世界甜點大賽時有一款巧克力甘納許風味很受歡迎，就是加入了貝禮詩奶酒的甘納許，為了讓更多人品嘗到它的風味，競賽回國後我嘗試將它衍生成蛋糕品項，巧克力蛋糕體加入杏仁膏及莊園巧克力為主要的食材製做，蛋糕體口感濕潤，搭配貝禮詩奶酒甘納許為夾餡，濃郁香甜的風味巧克力蛋糕誕生了。

1 **打發蛋糕體** 先準備好材料，包括杏仁膏、糖粉、細砂糖。把杏仁膏加熱後，再把糖粉、細砂糖加入一起拌勻。

2 **加入全蛋** 把全蛋分次加入。加入全蛋時記得要分次加入，因為如果一次加入太多蛋液的話，奶油會無法吸收蛋液，麵糊會比較容易花掉，所以蛋要慢慢加入，乳化狀況會比較好。

3 **篩入粉料打發蛋白** 篩入可可粉、低筋麵粉、玉米粉一起拌勻成麵糊，加入打發的蛋白，再加入融化的無鹽奶油一起拌勻。烤箱預熱後以上火 200℃，下火 180℃烘烤 10 分鐘，將烤盤掉頭後改成上下火 180℃烘烤 2 分鐘，取出。

4 **做酒糖液** 鍋中放入礦泉水、細砂糖、貝禮斯奶酒煮熱後冷卻備用。

蛋白中加入砂糖打發後的氣泡會更為細密且安定性高，不過加入砂糖時最好要分成 2-3 次，邊加入邊打發，避免一次將砂糖倒入會導致蛋白濃度過高而造成打發失敗。

5 **做奶酒甘納許** 先把黑巧克力、可可脂混合好,把動物性鮮奶油、貝禮詩奶酒、麥芽糖、葡萄糖漿放入鍋中加熱之後跟巧克力混合均勻做成內餡奶酒乾納許。

6 **製作巧克力淋面** 作法就是把動物性鮮奶油、麥芽糖加熱後並且把麥芽糖煮融,再放入泡軟的吉利丁攪拌到溶解,最後把融化過後的巧克力加進去一起混合即完成。

7 **組合** 蛋糕體先刷上一層糖酒液,再抹上奶酒的甘納許,在放上蛋糕片,一共 2 層,夾完之後做表面的淋面讓它有光滑感。在模具框內的蛋糕就是刷過糖酒液、有內餡的,可切成長 9cm*寬 3cm 的蛋糕一共 12 塊。

8 **裝飾** 最後就是在淋面的表面噴一點金粉,放上白巧克力羽毛後即完成。

薩瓦蘭蛋糕

〔 Savarin 〕

薩瓦蘭蛋糕起源於 18 世紀中，屬於發酵麵糰類的甜點，
對不熟悉麵包製程的人而言，難度頗高。
其特色是將蛋糕麵團烤熟後，淋上大量的甜酒糖液，
讓蛋糕吸收甜酒糖液，最後在其表面裝飾上鮮奶油。

剖面 *profile*

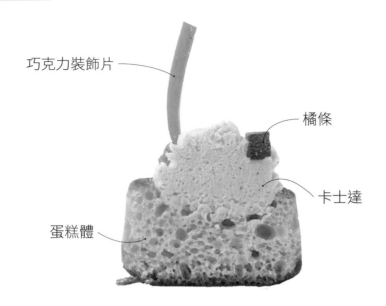

巧克力裝飾片 ————

———— 橘條

———— 卡士達

蛋糕體 ————

材料 *Ingredients*

【蛋糕麵團材料】

高筋麵粉	75g
低筋麵粉	100g
鮮奶	75g
乾酵母	3.5g
細砂糖	20g
鹽	1g
全蛋	50g
無鹽奶油	18g
檸檬皮	1/2 顆
柳橙皮	1/2 顆

【甜酒糖液材料】

細砂糖	75g
礦泉水	225g
柳橙汁	250g
黑蘭姆酒	25g

【裝飾材料】

單顆長 5.5cm*寬 5.5cm* 高 3cm 方形矽膠模 共 16 個

【裝飾】

卡士達
橘條
巧克力裝飾片

主廚的實作筆記 Notes

發酵麵糰類的甜點，在甜點的範疇中算極少數，較為著名的只有巴巴蘭姆蛋糕、薩瓦蘭蛋糕，這兩者間的作法也很類似，但薩瓦蘭蛋糕的作法更細膩些，思考著這款蛋糕的做法需要傳承下去，所以將做法分享出來。

製作步驟 *Directions*

1 **準備好蛋糕麵團的材料**　高筋麵粉、低筋麵粉、鮮奶、乾酵母、細砂糖、鹽、全蛋、檸檬皮、柳橙皮先準備好。

2 **放入攪拌盆中**　把準備好的材料一起放入攪拌盆中，攪拌成糰，再加入融化的無鹽奶油後拌勻。麵團會呈現較黏的狀態。

3 **入模**　把攪拌好的蛋糕麵團放入擠花袋中，大約擠到 8 分滿即可，全部的麵團擠完入模後，靜置發酵 40 分鐘。

4 **烤焙**　進行烘烤前要把烤箱預熱，以上火 180℃，下火 180℃烘烤 15 分鐘，即可取出。

5 **取出脫膜**　將烤焙好的蛋糕取出，脫膜。

6 **組合裝飾**　先煮甜酒糖液，也就是把細砂糖、礦泉水煮到沸騰，加入黑蘭姆酒、柳橙汁再次煮滾。趁熱時放入烤焙後的蛋糕體，讓蛋糕體吸收酒糖液到 1 倍大，濾乾冷卻，在表面擠上卡士達，放上橘條與巧克力裝飾片即完成。

薩瓦蘭蛋糕的特色就是這個蛋糕有加酵母，麵團的狀態是液態的，所以烤焙完組織是比較蓬鬆的，讓它去吸收甜酒糖液，讓它吸飽、膨脹。

PART 4

融入多元技法的

慕斯蛋糕、
千層酥皮點心

洋梨夏洛特

〔 Charlotte aux poires 〕

外觀非常秀氣典雅的洋梨夏洛特，
蛋糕體以手指蛋糕為主體，
內裡為洋梨慕斯，再放入糖漬洋梨所組成。

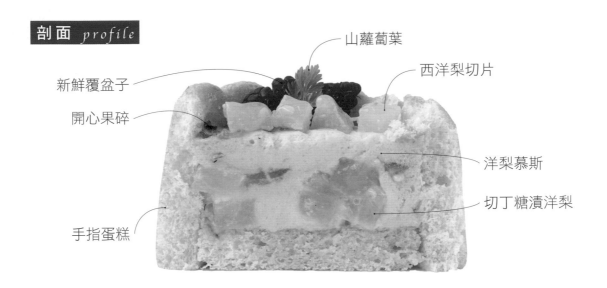

新鮮覆盆子

開心果碎

手指蛋糕

山蘿蔔葉

西洋梨切片

洋梨慕斯

切丁糖漬洋梨

材料 *Ingredients*　直徑 8.5cm 高 4cm 圓形慕斯框 共三模

【手指蛋糕體材料】

	〈一盤〉
低筋麵粉	100g
高筋麵粉	60g
蛋黃	120g
細砂糖(A)	50g
蛋白	240g
細砂糖(B)	120g

【義式蛋白霜材料】

蛋白	50g
細砂糖	55g
礦泉水	15g

【洋梨慕斯材料】

	〈15g／層〉
蛋黃	30g
細砂糖	15g
糖漬洋梨汁	100g
香草莢醬	2g
吉利丁片	4g
打發動物性鮮奶油	100g
義式蛋白霜	40g
黑蘭姆酒	20g

【糖漬洋梨材料】

	〈15g／層〉
西洋梨	2 顆切丁
礦泉水	600g
細砂糖	90g
檸檬汁	2 顆
檸檬皮	2 顆
黑蘭姆酒	45g

蘭姆酒糖液材料

礦泉水	116g
細砂糖	72g
黑蘭姆酒	41g
烤盤 60cm*40cm	

主廚的實作筆記 Notes

由天才廚師甜點師安東尼‧卡漢姆調整外觀風格後，發揚光大。關於夏洛特這個
名稱，來自於 18 世紀英國國王喬治三世的夏洛特王妃，據說王妃常戴著有緞帶
的帽子造型，引起了名流貴族模仿，當時造成了流行，夏洛特的甜點外觀仿造其
帽子外型，故以此為名。

1 **製作手指蛋糕的材料備好** 攪拌盆裡的油脂還有水分要先擦拭乾淨後，分別放入蛋黃、細砂糖(A)，以及蛋白。將蛋黃、細砂糖(A)快速打發至泛白後轉至中速打發至全發。

同時進行「溫蛋」。也就是把冰箱取出的蛋，以隔水加熱的方式到40℃，取出後備用。

2 **蛋白打發到濕性發泡** 另一個攪拌盆裡的蛋白打發至發泡後分次加入細砂糖(B)，以快速打發至有紋路。將低筋麵粉、高筋麵粉篩入蛋黃糊中拌勻，再加入打發的蛋白後一起拌勻。

手指蛋糕就是蛋白我們要打發偏硬性發泡然後再去拌蛋黃的部分，才較不容易消泡

3 **將麵糊放入擠花袋** 把拌勻的麵糊放到擠花袋，擠成二種形狀。條狀長 23cm×高 4.5cm 是用來圍邊，圍在蛋糕的周圍；圓形是做為蛋糕的底部直徑 5cm。不過大小是看所使用的的模子有多大來決定，擠完後，撒上糖粉。以上火 180℃，下火 180℃烘烤 15 分鐘，把烤好的蛋糕從烤箱中取出。

4 **製作糖漬洋梨** 這裡所使用的是西洋梨，煮的程度就是要煮到透。煮法很簡單，就是水、細砂糖、檸檬汁、檸檬皮、黑蘭姆酒煮滾後，把新鮮的洋梨放進去，轉中小火，大概煮 30 分鐘，煮到糖分有進到果肉裡面，西洋梨煮軟然後放涼就可以用。

糖粉要撒兩次，如此經過高溫烤焙時，表皮才會有酥脆感。進行烘烤前要把烤箱預熱

5 準備洋梨慕斯材料　攪拌盆中放入蛋黃、細砂糖、香草莢醬一起拌勻，把糖漬洋梨汁煮熱後沖入、拌勻，收稠。把吉利丁泡軟後擠乾水分加入，再加入黑蘭姆酒拌勻待冷卻。

6 混合洋梨慕斯　先把義式蛋白霜的蛋白打發，礦泉水、細砂糖(A)煮滾到 118℃後沖入打發待冷卻。再與步驟 5 拌勻，再加入打發的動物性鮮奶油一起拌勻即可。將酒糖液材料煮滾冷卻，刷在圓型手指蛋糕上。

7 灌入餡料　把烤完圓的蛋糕底鋪在底下刷上酒糖液，周圍用圍邊蛋糕圈起，灌入慕斯，放入切丁的洋梨。這裡切丁的大小可以是 3×3 或 2×2，完全看個人所使用的模具大小來決定。把切好的洋梨丁與慕斯一起拌勻，灌完後把它拿去冰硬再脫模。

8 裝飾　把剛才煮過的西洋梨切片，鋪在蛋糕上面，然後再放上新鮮覆盆子點綴再用開心果碎點綴，撒上薄薄的糖粉，最後用緞帶圍在蛋糕中間打一個結，再以山蘿蔔葉稍微點綴表面就完成。

法式草莓蛋糕

〔 Fraisier 〕

法式草莓蛋糕（Fraisier）名稱來自於法文的草莓（Fraise），
主要構成由法式海綿蛋糕、新鮮草莓、慕斯林奶油餡
慕斯林奶油餡的濃郁搭配酸甜的草莓和鬆軟的海綿蛋糕，其魅力無人可擋！

剖面 *profile*

新鮮草莓 ── 橘色的巧克力裝飾片

粉紅色鏡面 ── 翻糖小花

慕斯林奶油餡 ── 蛋糕體

── 草莓

杏仁海綿蛋糕體 ──

材料 *Ingredients*

【杏仁海綿蛋糕體材料】

〈一盤〉

全蛋	280g
杏仁粉	220g
糖粉	220g
蛋白	220g
細砂糖	70g
低筋麵粉	65g
無鹽奶油	50g

【粉紅色鏡面材料】

煉乳	150g
細砂糖	100g
礦泉水	25g
麥芽糖	15g
鏡面果膠	80g
吉利丁片	20g
白巧克力29%	55g

粉紅色食用色素	10g

（作法參考 192 頁黃色淋面）

【慕斯林奶油餡（卡士達）材料】

鮮奶	300g
香草莢	1/2 條
蛋黃	60g
細砂糖	75g
中筋麵粉	30g
無鹽奶油	30g

【慕斯林奶油餡（義式奶油霜）材料】

細砂糖	125g
礦泉水	40g
蛋黃	80g

無鹽奶油	450g
櫻桃白蘭地	35g

【水果材料】

新鮮草莓（切半）	10 顆
新鮮草莓（切丁）	45g

【裝飾材料】

粉紅色的鏡面
新鮮草莓
翻糖小花
橘色的巧克力裝飾片

【使用模具】

長 14.5cm*寬 14.5cm*高 5cm 八吋慕斯框 共一模
烤盤 60cm*40cm

主廚的實作筆記 Notes

這是一款我覺得很適合送禮或分享的蛋糕，落落大方的外觀，簡單美味的組成，讓人印象深刻，有時在蛋糕櫃前想了很久，最後總會選擇帶法式草莓蛋糕回家品嘗。

1 **製作蛋糕體** 攪拌盆中放入全蛋、糖粉打發，再與杏仁粉一起拌勻，再加入過篩的低筋麵粉一起拌勻，再把無鹽奶油融化後攪拌均勻。

這個蛋糕體是杏仁海綿，可以看到裝粉的容器裡面的杏仁粉比較多，這邊要注意的就是粉類要過篩。

2 **準備好蛋黃麵糊跟蛋白** 攪拌盆放入蛋白，打發至發泡後加入1/3 的砂糖，打發至有紋路後再分兩次加入的砂糖後打發至濕性泡，再與步驟 1 拌勻。

蛋白中加入砂糖打發後的氣泡會更為細密且安定性高，邊加入邊打發，避免一次將砂糖倒入會導致蛋白濃度過高而造成打發失敗。

3 **倒入烤盤進行烘烤** 將打至濕性發泡的蛋白加入蛋黃麵糊中拌勻。將麵糊倒入鋪好烘焙紙的烤盤中抹平，並把空氣敲掉。放入已預熱烤箱中，以上火 200℃，下火 180℃烘烤 10 分鐘，將烤盤掉頭後改成上下火 180℃烘烤3 分鐘，即可取出，使用方框，切成 2 片。

4 **製作內餡卡士達** 把材料中的蛋黃、細砂糖、過篩後的中筋麵粉拌勻。

5 **沖入煮熱的鮮奶、香草莢** 把鮮奶、香草莢煮熱後沖入作法 4 中收稠,再加入無鹽奶油拌勻,放入冰箱冷藏直到冷卻。

6 **製作內餡義式奶油霜** 把材料中的細砂糖、礦泉水煮至 118℃,沖入蛋黃內打發,再分次加入打發的無鹽奶油拌勻,加入櫻桃白蘭地拌勻,最後把卡士達打軟後加入再次拌勻。

混合就是要比較注意溫度。就是蛋黃糊那邊的溫度要儘量跟奶油的溫度是一致的,維持在室溫或是更低的溫度都可以,只要兩個溫度一致,乳化就會比較完整。如果有溫度差,太熱的話奶油會融化,太低的話奶油會結塊,沒有辦法乳化,會看起來就會花花的。

7 **做組合** 使用方框來進行,先在底下鋪一層蛋糕體,然後草莓對切,把剖面露出來貼在框邊,再擠餡,中間放切丁的草莓,大約 3 乘 3 公分以內,等把餡料全部鋪滿後,再把另一片蛋糕放上去做結合。

8 **裝飾** 裝飾是用粉紅色的鏡面、新鮮草莓、翻糖小花跟橘色的巧克力裝飾片,擠花袋是粉紅色的鏡面,把它擠在上面。表面裝飾就是有新鮮草莓、巧克力裝飾片、翻糖小花。

覆盆子慕斯蛋糕

〔 Raspberry Mousse Cake 〕

歐洲盛產覆盆子，以覆盆子為主軸的甜點也很常見，
覆盆子外觀討喜，口感微酸帶香氣，
不論是製作成果醬、慕斯、冰淇淋都很適合。

剖面 *profile*

巧克力裝飾片＆小緞帶

金箔

覆盆子淋面

蛋糕體

覆盆子慕斯

材料 *Ingredients*

【蛋糕體材料】

無鹽奶油	190g
細砂糖	145g
杏仁膏	115g
全蛋	190g
覆盆子果泥	65g
動物性鮮奶油	65g
低筋麵粉	115g
泡打粉	3g
杏仁粉	65g

【玫瑰糖水材料】

細砂糖	65g
礦泉水	50g
玫瑰水	20g

【覆盆子庫利材料】

〈100g／層〉

覆盆子果泥	165g
細砂糖	82g
葡萄糖漿	165g
初榨橄欖油	82g
吉利丁片	13g
白巧克力 29%	82g
紅色可可脂	8g

【覆盆子慕斯材料】

〈100g／層〉

覆盆子果泥	90g
鮮奶	55g
細砂糖	28g
吉利丁片	4g
馬斯卡邦	115g
打發動物性鮮奶油	90g

【裝飾材料】

巧克力裝飾片
巧克力小緞帶
金箔

【使用模具】

30cm*15cm*5cm 慕斯
框一模
烤盤 60cm*40cm

176 ／ 177 ／

1 **打發蛋糕體** 先準備好材料，攪拌盆裡有杏仁膏、細砂糖跟無鹽奶油，這部分要先把它拌軟。

2 **分次加蛋打發** 把全蛋分次加入一起拌勻。

加入全蛋時記得要分次加入，因為如果一次加入太多蛋液的話，奶油會無法吸收蛋液，麵糊會比較容易花掉，所以蛋要慢慢加入，乳化狀況會比較好。

3 **準備好混合材料** 準備好覆盆子果泥、動物性鮮奶油，再把低筋麵粉、杏仁粉過篩。

4 **混合後進行烤焙** 把這些材料混合後加入，並且攪拌均勻，倒入鋪上烘焙紙的模具中抹平。烤箱預熱後以上火200℃，下火180℃烘烤10分鐘，將烤盤掉頭後改成上下火180℃烘烤2分鐘，取出，裁切成30cm*15cm的大小。

5 準備好製作覆盆子庫利材料　先把白巧克力、紅色可可脂混合好。鍋子裡面裝入覆盆子果泥、細砂糖、葡萄糖漿、橄欖油。

6 製作覆盆子庫利　把鍋子裡面的覆盆子果泥、細砂糖、葡萄糖漿、橄欖油煮滾，加入巧克力後把它煮融，再加入泡軟後擠乾水分的吉利丁，一樣把它融化。

7 製作玫瑰糖水　把玫瑰水材料中的細砂糖、礦泉水、玫瑰水一起煮滾至細砂糖融化，冷卻後備用。

8 製作覆盆子慕斯　銅鍋裡面裝的是覆盆子果泥、鮮奶、細砂糖煮熱，吉利丁片泡軟後，擠乾水分加入拌勻，再加入馬斯卡邦拌勻後冷卻，再加入打發的動物性鮮奶油拌勻。

9 **組合** 烤盤先鋪上烘焙紙，放上長框，最下方放入裁切好的蛋糕片，再灌入覆盆子慕斯，稍微鋪平後拿去冰，冰硬了之後，再放入覆盆子淋面，以此類推把層次做完。

10 **裝飾** 巧克力裝飾片做的小緞帶、金箔。層次組合有 3 層杏仁海綿蛋糕、3 層覆盆子慕斯、3 層覆盆子庫利。

為盤式甜點競賽而設計的一款覆盆子慕斯蛋糕，以覆盆子慕斯為夾餡，杏仁海綿蛋糕為主體，呈現多層次的口感與華麗的外觀。

經典巧克力慕斯

〔 Classic Chocolate Mousse 〕

經典的巧克力慕斯，其口味流傳的廣度至今仍然屹立不搖，
關於它的傳統與創新，代代都有甜點師去詮釋與創新，
經典巧克力慕斯的世界等你探索。

剖面 *profile*

巧克力淋面

蛋糕體

巧克力慕斯

材料 *Ingredients*

【蛋糕體材料】

杏仁粉	150g
糖粉	150g
全蛋	125g
蛋黃	70g
蛋白	280g
細砂糖	70g
玉米粉	50g
低筋麵粉	50g
可可粉	30g
黑巧克力	50g

【蛋奶醬材料】

動物性鮮奶油	100g
鮮奶	100g
蛋黃	40g
細砂糖	17.5g
香草莢	半支

【巧克力慕斯材料】

蛋奶醬	225g
吉利丁片	4g
黑巧克力 75%	200g
打發動物性鮮奶油	312.5g

【巧克力淋面材料】

礦泉水	100g
細砂糖	200g
鮮奶	200g
動物性鮮奶油	200g
法芙娜可可粉	80g
吉利丁	25g
杏桃果膠	200g

【裝飾材料】

巧克力淋面
白色淋面

【白色淋面材料】

煉乳	75g
細砂糖	50g
礦泉水	15g
麥芽糖	5g
鏡面果膠	40g
吉利丁片	10g
白巧克力29%	27g
白色食用色素	10g

【使用模具】

烤盤 60cm*40cm
單顆直徑 6cm*高 3cm
圓形矽膠模 共 10 個

主廚的實作筆記 Notes

初學巧克力慕斯時，還很懵懂，不知其深奧之處為何，隨著對巧克力不同種類的認識加深，才逐漸懂得其奧妙，發現甜點有許多的口味，都是圍繞著巧克力去搭配的，以此款經典巧克力慕斯，致敬我心中的甜點之王。

1 **製作蛋糕體** 攪拌盆中放入全蛋、蛋黃拌勻,再將材料中的杏仁粉、糖粉過篩後放入,再次攪拌均勻。

所使用的蛋事先要進行「溫蛋」。也就是把從冰箱取出的蛋,以隔水加熱的方式到 40℃,取出後備用。

2 **加入粉料及巧克力** 全蛋拌勻後,把可可粉、玉米粉、低筋麵粉篩入,再加入融化的黑巧克力拌勻後一起攪拌均勻。

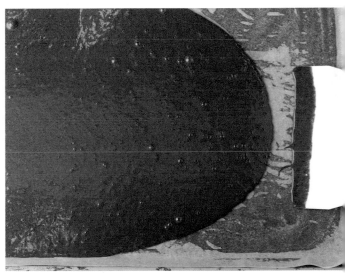

3 **跟打發的蛋白一起混合** 蛋白、細砂糖打發至濕性發泡後加入。

打發蛋白所使用的細砂糖量沒有很多,所以打發起來會有點花花的感覺,這是正常的現象,因為這個蛋糕體是要呈現比較酥鬆的狀態,不是綿密細緻的,所以蛋白打發起來不會那麼光滑。

4 **麵糊混合完入模烘烤** 將麵糊倒入鋪好烘焙紙的烤盤中,並把空氣敲掉抹平,進行烘烤。烤箱預熱後以上火 200℃,下火 180℃烘烤 10 分鐘,將烤盤掉頭後改成上下火 180℃烘烤 3 分鐘,取出待涼後,壓成直徑 5cm 的蛋糕底備用。

5 **製作巧克力慕斯** 準備好巧克力慕斯材料的蛋奶醬放入香草籽加熱,把吉利丁片泡軟,加入拌勻後冷卻,再加入融化的黑巧克力混合,再加入打發的鮮奶油做成巧克力慕斯。

6 **組合** 準備好模子,先灌巧克力慕斯在模子裡大概七分滿,然後再把蛋糕體壓下到水平,剛好切齊模子就可以了,全部完成後拿去冰箱冷凍,大概冷凍 4 個小時以上,等它完全凝固會更好脫模。

可以看到蛋糕表面是比較粗糙比較酥鬆的感覺。

7 **巧克力淋面** 把礦泉水、細砂糖、鮮奶、動物性鮮奶油加熱,等到沸騰之後再把可可粉加進去,邊拌邊煮融,直到濃稠狀,加入泡軟吉力丁拌到融化,再加杏桃果膠拌勻,最後要過篩。

可可粉比較容易結塊,所以把一些結塊過濾篩掉,就可以用了。

8 **裝飾** 把慕斯脫膜,裝飾主要以巧克力黑色淋面為主,再搭配白色線條。是一個比較特殊的製作手法。作法是淋完巧克力淋面後,擠上 1 小條白色淋面(作法參考 192 頁黃色鏡面淋面)在正中間,然後拿抹刀稍微刮一下,讓流動性帶出自然暈開的感覺,會有點像浪花。

黑櫻桃巧克力慕斯

〔Cherry Chocolate Mousse〕

以巧克力慕斯為主軸延伸出來的甜點,
搭配黑櫻桃慕斯而設計的口味,以蛋奶醬及蛋白霜為主體,
二種不同口感的慕斯合而為一製作成一款蛋糕。

巧克力噴面

蛋糕體

黑櫻桃慕斯

巧克力慕斯

材料 *Ingredients*

【蛋糕體材料】

杏仁粉	150g
糖粉	150g
全蛋	125g
蛋黃	70g
蛋白	280g
細砂糖	70g
玉米粉	50g
低筋麵粉	50g
可可粉	30g
黑巧克力	50g

【義式蛋白霜材料】

礦泉水	37.5g
細砂糖(A)	125g
蛋白	75g
細砂糖(B)	25g

【黑櫻桃慕斯材料】

〈100g／模〉

黑櫻桃果泥	125g
吉利丁片	6g
義式蛋白霜	125g
打發動物性鮮奶油	125g
櫻桃白蘭地	10g

【巧克力慕斯材料】

細砂糖	94g
礦泉水	31g
蛋黃	100g
全蛋	94g
黑巧克力	250g
打發動物性鮮奶油	325g

【巧克力噴面材料】

黑巧克力 70%	200g
可可脂	200g
紅色可可脂	15g

【櫻桃酒糖液材料】

水	116g
細砂糖	72g
櫻桃酒	41g

【內餡水果材料】

碎櫻桃	15g

【使用模具】

烤盤 60cm*40cm
長 15cm*寬 15cm*高 5cm
矽膠模 1 顆

【裝飾材料】

食用銀珠

1 **蛋糕體蛋黃麵糊混合** 把蛋黃、全蛋加進去後拌勻,將杏仁粉、玉米粉、低筋麵粉、可可粉混合後過篩,再加入融化黑巧克力拌勻一起拌勻。

2 **打發蛋白與麵糊混合** 另取一個攪拌盆,放入蛋白打發至發泡後加入 1/3 的細砂糖,以快速打發至有紋路後再分兩次加入的砂糖後打至濕性泡,拌入麵糊中。
蛋白中加入砂糖打發後的氣泡會更為細密且安定性高,邊加入邊打發,避免一次倒入會導致蛋白濃度蛋白造成打發失敗。

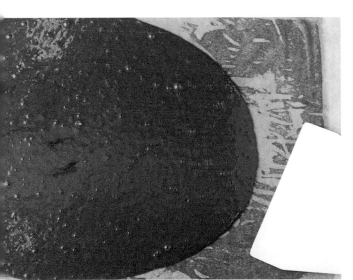

3 **麵糊混合完入模烘烤** 將麵糊倒入鋪好烘焙紙的烤盤中,並把空氣敲掉抹平,進行烘烤。烤箱預熱後以上火 200℃,下火 180℃烘烤 10 分鐘,將烤盤掉頭後改成上下火 180℃烘烤 3 分鐘,取出待涼後,壓成長寬 11cm 的蛋糕底備用。

4 **製作櫻桃酒糖液** 鍋中放入水、細砂糖、櫻桃酒一起煮熱後,放涼冷卻。繼續製作義式蛋白霜。作法是把蛋白、細砂糖(B)打發,再把材料中的礦泉水、細砂糖(A)煮滾至 118℃後沖入打發冷卻即完成。

5 **製作黑櫻桃慕斯** 準備好打發的
義式蛋白霜、打發的動物性鮮奶
油。先將黑櫻桃果泥、櫻桃白蘭
地煮熱，加入泡軟後擠乾水分的
吉利丁一起拌勻冷卻，最後加入
義式蛋白霜，以及打發的動物性
鮮奶油一起拌勻。

6 **黑櫻桃慕斯入模** 準備好長
11cm*寬 11cm*高 5cm 的黑櫻桃
慕斯小方框，並且用保鮮膜把底
部封好，把做好的黑櫻桃慕斯灌
進去大約一半的高度，然後放入
冷凍冰鎮約 4 小時，把它冰硬。

7 **製作巧克力慕斯** 準備好長
15cm*寬 15cm*高 5cm 矽膠模。
把蛋黃、全蛋打發。再把礦泉
水、細砂糖煮滾到 115-118℃，
沖進去把它打發起來，然後再跟
融化的巧克力拌勻，最後再加打
發的動物性鮮奶油。

8 **組合** 準備好模子，把巧克力慕
斯灌進去到 5 分滿，再把黑櫻桃
慕斯壓到正中間，用巧克力慕斯
蓋過。擠上巧克力慕斯到八分
滿，再放上已經刷上糖酒水及放
上切碎櫻桃的蛋糕。

9 **蓋上蛋糕體** 最後把蛋糕體壓上去。這裡在製作時，比模子稍小一點，如果喜歡做到滿的人也可以，完全看個人喜好來決定。完成後放入冰箱冷凍約 4-6 小時直到慕斯完全冰硬，甚至可以冰到隔夜再取出來都沒問題。

10 **裝飾** 這裡所使用的是可可脂噴面，作法是把黑巧克力、可可脂、紅色可可脂融化，丁用紗布或者是用絲襪去過濾就可以用了。另外需要使用噴槍、小型的壓縮機。噴之前，蛋糕要冰得夠硬，當表面夠冷，遇到油脂瞬間凝固後才會產生顆粒感，最後用鏡面果膠當接著劑把裝飾銀珠固定。

主廚的實作筆記 Notes

慕斯的定義是什麼？除了加入吉利丁凝固以外，還可以加入蛋奶醬為其增加濃郁的口感，亦或是加入蛋白霜增加蓬鬆綿密的口感，想將不同口感的慕斯，呈現在同款蛋糕裡。

解構慕斯蛋糕與千層酥皮點心的基礎元素

慕斯蛋糕起源於法國巴黎，主要是在液態的蛋奶醬或水果奶醬中加入膠質，使其凝固，產生輕盈化口的口感，為目前國際蛋糕製作的類別主流。

世界各大國際甜點賽事，一定都會慕斯蛋糕的競賽項目，其層次基本要求為主要口味慕斯搭配提味的慕斯，再配合蛋糕基底與水果內餡，以多層次的風味去組合出，符合競賽要求的慕斯口味蛋糕。

愛文芒果咖啡慕斯

〔 Mango with Coffee Mousse 〕

IBA 世界甜點大賽競賽時需要將宴會小點心（Petit Four）多層次風味表現出來，
才能有取得高分的可能，
於是思考做出一款帶有前、中、後韻味的甜點。

剖面 *profile*

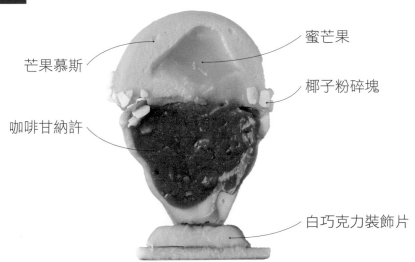

芒果慕斯

蜜芒果

椰子粉碎塊

咖啡甘納許

白巧克力裝飾片

材料 *Ingredients*

【咖啡甘那許材料】

動物性鮮奶油	50g
轉化糖漿	8g
卡魯哇咖啡酒	10g
咖啡粉	1.5g
無鹽奶油	20g
牛奶巧克力 36%	82g
可可脂	8g
焦糖米豆	25g

【芒果慕斯材料】

芒果果泥	30g
細砂糖	20g
芒果香甜酒	5g
馬斯卡邦	63g
蛋黃	1 顆
吉利丁片	2.5g
打發動物性鮮奶油	90g
蜜芒果	50g

【黃色淋面材料】

煉乳	150g
細砂糖	100g
礦泉水	25g
麥芽糖	15g
鏡面果膠	81g
吉利丁片	19.5g
白巧克力 29%	54g
黃色食用色素	10g

【裝飾材料】

正方型巧克力裝飾片
鈎狀巧克力裝飾片
椰子粉碎塊
圓型巧克力裝飾片
花型巧克力裝飾片

【使用模具】

單顆直徑 3cm*1.5cm
半圓矽膠

主廚的實作筆記 Notes

在為世界賽構思宴會小點心（Petit Four）產品時，想說怎麼以強烈的口味去碰撞
不同的味道，最後選擇以芒果慕斯，及咖啡甘納許來互相搭配，再搭配白巧克力
及椰子粉，和諧出整體的風味，結果效果極佳，入口帶有芒果濃郁香氣，中段以
咖啡苦韻提味，結尾以白巧克力加椰子的甜味收尾。

1 **咖啡甘納許**　製作咖啡甘納許要把動物性鮮奶油、轉化糖漿、咖啡粉、卡魯哇咖啡酒煮到沸騰，煮滾後加入巧克力跟可可脂，把它拌勻，最後加無鹽奶油還有焦糖爆米花一起拌勻後備用。

2 **製作芒果慕斯**　鍋中放入芒果果泥、細砂糖、芒果香甜酒、馬斯卡邦煮熱，沖入蛋黃內拌勻乳化，加入泡軟後並擠乾水分的吉利丁，再加入打發的動物性鮮奶油拌勻。

3 **入模**　這裡所使用的是圓形矽膠模，單顆直徑 3cm*1.5cm 半圓矽膠，下面要墊入烤盤。先灌入芒果慕斯，把它灌到八分滿，中間再放入新鮮的蜜芒果，讓它凝固。

蜜芒果作法是把新鮮芒果去皮切丁後泡糖水。糖水是細砂糖跟水以 1 比 1 的比例煮滾，放涼後再把切丁的芒果放入，再放冰箱冷藏 2 個小時就可以使用。

4 **製作外觀**　在圖片中左上角小花的模型是用來製作巧克力的底。中間是小花的黃色巧克力，作法是在小花的模型上噴黃色的可可脂，再把白巧克力灌下去，讓它凝固。像冰淇淋的甜筒形狀是中間的巧克力模型，作法一樣，就是先噴黃色的可可脂。再灌白巧克力後把多餘的部分倒出來，讓它形成中空的模型。

先準備好黃色淋面，作法是把材料中的煉乳、細砂糖、礦泉水、麥芽糖煮熱，加入泡軟並擠乾水分的吉利丁片、白巧克力一起拌勻，再加入鏡面果膠、黃色食用色素一起拌勻。

5 **組合**　進行組合時，把底、甜筒做完後，把這兩個部分用融化的白巧克力黏起來變成立體的，然後再把中間的空殼裡會灌入咖啡甘納許，圓型慕斯淋上黃色淋面，等它凝固後再把它擺上去，之後會在旁邊接縫處貼上比較粗的椰子粉碎塊，蛋糕的上方再放上巧克力裝飾片。

這款蛋糕是用兩個味道比較強烈的食材去搭配，一個是芒果、一個是咖啡。希望第一口擠下去的時候有比較有濃郁的芒果香，然後接著就是稍微微苦、微酸的咖啡去做收尾，大概是這樣的一個概念。

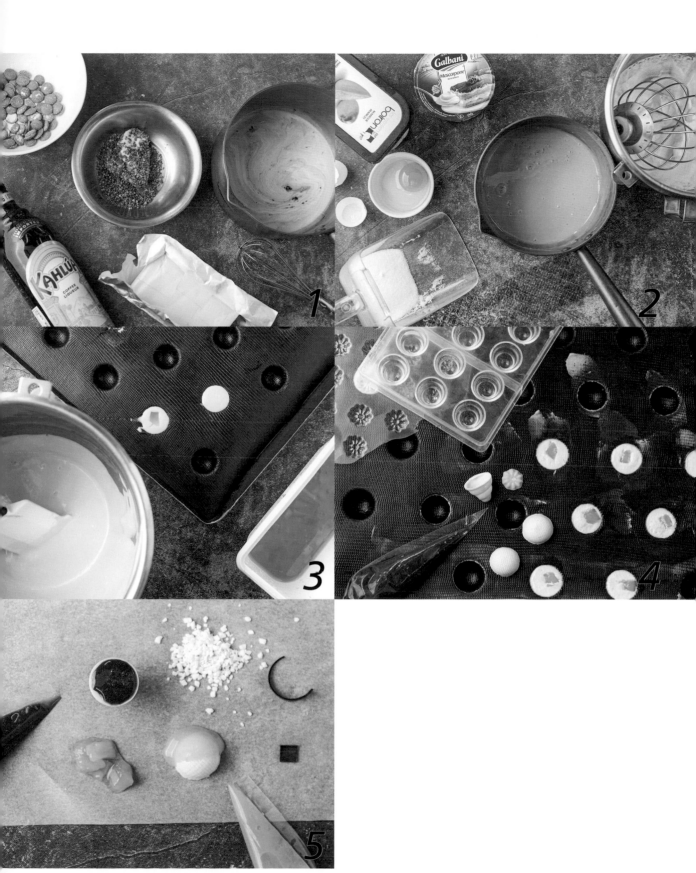

開心果芝麻芒果慕斯

〔 Champion Mousse 〕

以台灣紅茶搭配開心果為慕斯主體，
搭配芝麻慕斯、加上充滿芒果香甜氣味的芒果凍，
斷面有 7 個層次的國家特色主題蛋糕。

融入多元技法的慕斯蛋糕、千層酥皮點心

剖面 *profile*

- 巧克力淋面
- 芒果庫利
- 開心果達克瓦茲
- 芝麻慕斯
- 芝麻巧克力脆片
- 芝麻達克瓦茲
- 開心果紅茶慕斯

材料 *Ingredients*

【開心果達克瓦茲材料】

蛋白	105g
細砂糖	7.5g
糖粉	105g
杏仁粉	105g
開心果碎	50g

【芝麻達克瓦茲材料】

蛋白	200g
細砂糖	10g
糖粉	140g
杏仁粉	73g
芝麻粉	66g

【芝麻巧克力脆片材料】
〈60g／層〉

牛奶巧克力	30g
可可脂	10g
巴芮脆片	50g
黑芝麻	25g

【黑醋栗糖酒液材料】

細砂糖	65g
水	50g
威士忌	25g
黑醋栗果泥	25g

【芒果庫利材料】
〈200g／層〉

芒果果泥	200g
細砂糖	54g
香橙干邑	32g
吉利丁片	4g
新鮮芒果丁	120g

【芝麻慕斯材料】
〈160g／層〉

芝麻粉	56g
動物性鮮奶油	87g
鮮奶	25g
細砂糖	38g
蛋黃	50g
吉利丁片	7.5g
打發動物性鮮奶油	88g

【開心果紅茶慕斯材料】
〈290g／層〉

鮮奶	340g
蜂蜜	10g
白巧克力 29%	320g
吉利丁片	15g
初榨橄欖油	42g
開心果醬	52g
香草莢	1.6g
打發動物性鮮奶油	400g
錫蘭紅茶葉	4g

【巧克力淋面材料】

水	100g
細砂糖	200g
鮮奶	200g
動物性鮮奶油	200g
可可粉	80g
吉利丁片	25g
杏桃果膠	200g

【使用模具】

直徑 20cm*高 4.5cm 圓形八吋慕斯框 共兩個
開心果達克瓦茲（直徑 18cm*高 2.5cm 慕斯框）
芝麻達克瓦茲（直徑 18cm*高 2.5cm 慕斯框）

1 **準備製作達克瓦茲的材料** 準備好製作開心果跟芝麻的達克瓦茲這兩款達克瓦茲的材料,包括芝麻粉跟糖粉、開心果粉跟糖粉,以及事先打發的蛋白。蛋白在打發時需要是比較硬性發泡的程度,因為達克瓦茲也是屬於比較酥鬆的蛋糕體。

2 **製作達克瓦茲** 攪拌盆中先放入糖粉、杏仁粉、開心果碎一起拌勻,再將蛋白、細砂糖打發至乾性發泡後拌入。另一攪拌盆放入糖粉、杏仁粉、芝麻粉拌勻,再將蛋白、細砂糖打發至乾性發泡後拌入。把拌好的兩個麵糊放入擠花袋裡。

3 **開心果達克瓦茲麵糊擠在烤盤上** 可以先在烘焙紙上畫出幾個七吋大小的圓形,擠時以繞圈方式將圓形填滿後即可。擠完之後撒上糖粉,糖粉一樣要撒 2 次,烤箱預熱以上下火 180℃烘烤 12 分鐘。
用高溫去烤焙表面才會比較酥脆。

4 **芝麻達克瓦茲麵糊擠在烤盤上** 可以先在烘焙紙上畫出幾個七吋大小的圓形,擠時以繞圈方式將圓形填滿後即可。擠完之後撒上糖粉,糖粉一樣要撒 2 次,烤箱預熱以上下火 180℃烘烤 12 分鐘。
用高溫去烤焙表面才會比較酥脆。

5 **製作黑醋栗糖酒液** 材料裡有細砂糖、水、黑醋栗的果泥、威士忌一起煮滾後放涼備用。

芝麻達克瓦茲是當蛋糕的底部，開心果達克瓦茲是當蛋糕中間的夾層之用。

6 **做芝麻巧克力碎片與慕斯** 這部分是要用來做底部，要抹在芝麻達克瓦茲上。作法是把牛奶巧克力、可可脂融化，拌入巴芮脆片跟黑芝麻就可以了。芝麻慕斯是把動物性鮮奶油、鮮奶、細砂糖煮熱，加入芝麻粉後煮滾，慢慢的加入蛋黃，邊拌邊沖讓它乳化，然後加泡軟的吉力丁跟打發的動物性鮮奶油即可。

7 **製作芒果庫利** 把芒果果泥、細砂糖、香橙干邑煮滾，加入新鮮芒果再加熱一下，最後加入泡軟吉利丁後，把它灌到六吋的模子裡，當成夾餡。先灌芒果庫利，再放上開心果的達克瓦茲，上面再刷上黑醋栗糖酒液，最後再灌滿芝麻慕斯鋪平就可以了。圖片右邊的底是先放芝麻的達克瓦茲，然後刷上黑醋栗糖酒液，再鋪上巴芮脆片把它鋪平，之後放入冰箱冷凍，冷凍 2 個小時，冰硬才能取下來備用。

8 **組合**　這裡使用的是八吋模。先把做好的開心果慕斯灌入 5 分滿，然後再放上剛才中間夾層的芒果庫利、開心果達克瓦茲、芝麻慕斯這三層把它壓下去，放的時候就是庫立面朝下，芝麻慕斯的面朝上，並且把它壓到正中間，壓完之後再換開心果慕斯，再灌到 8 分滿。

開心果慕斯是我們這個蛋糕的一個主要慕斯。作法是鮮奶、蜂蜜、橄欖油、開心果醬、香草莢、錫蘭紅茶葉把它煮滾，沸騰之後加入白巧克力拌勻，然後再加入泡軟的吉利丁，最後再加入打發好的動物性鮮奶油拌勻即可，組合好放入冰箱，至少要冷凍 4 個小時以上。

9 **最後放入**　最後我們再放右邊黑芝麻的達克瓦茲加巴芮脆片，把它壓下去當成底，左邊是開心果主慕斯。

10 **製作巧克力淋面**　水、細砂糖、鮮奶、動物性鮮奶油加熱到沸騰後，再把可可粉加進去，繼續煮到濃稠，加入泡軟吉力丁再下去融化，再加杏桃果膠拌勻，最後要過篩。因為可可粉比較容易結塊，所以把一些結塊篩掉。

11 裝飾 用巧克力做最後的淋面，拉糖是可以比較能以創意來做變化的裝飾。這裡做的拉糖是比較東方的風格，做出竹子與竹節的感覺，還有蘭花，是比較東方的概念。拉糖這門工藝需要時間與精力不斷的反覆練習。讀者可買市售的翻糖花來裝飾。

主廚的實作筆記 Notes

IBA 世界甜點大賽的主題蛋糕，題目要求製作一款有國家特色的蛋糕，構思設計以符合台灣口味為主軸的主題蛋糕。以台灣紅茶搭配開心果為慕斯主體，搭配口感猶如芝麻糊的芝麻慕斯，蛋糕為開心果、黑芝麻達克瓦茲，蛋糕體淋上黑醋栗糖酒液，底部鋪上芝麻巧克力脆餅，表現出濃郁的烤焙堅果香氣，加上充滿芒果香甜氣味的芒果凍，最後蛋糕表面淋上巧克力鏡面，呈現出斷面有 7 個層次的國家特色主題蛋糕。

這個蛋糕是比賽最主要的拿分項目，所以主題會希望製作出具有國家特色的產品。不過因為國際賽，不可以去做的太道地，還是要去符合國外裁判的口味才行，所以我就選了他們比較能夠接受的一些味覺去代替，好比說芝麻、芒果這兩類的東西。當然，開心果比較不算是台灣特色，但最主要是想要凸顯出芝麻的味道，所以這個蛋糕是以芝麻口味為主去做設計的主軸。

我在設計這款蛋糕時，可說是耗費多時，歷經多次的配方修正，最後才設定完成，競賽時評審長給了滿分的榮譽，並親口告訴我，這是他吃過最完美、好吃的主題蛋糕，聽見的當下我感動莫名。賽後有記者問我蛋糕口味是如何設計出來的？我的回答是記憶中美好的味道，我想把記憶中感動或幸福的味道放在蛋糕裏面，最後我對主題蛋糕的味道很滿意，很開心我確實做到了。

草莓千層酥

〔 Strawberry Mille Feuille 〕

草莓千層酥可說是夢幻甜點之一，
千層酥皮，內夾香草卡士達餡，
再放入新鮮草莓，無法抗拒的美味。

多元技法的慕斯蛋糕、千層酥皮點心

剖面 *profile*

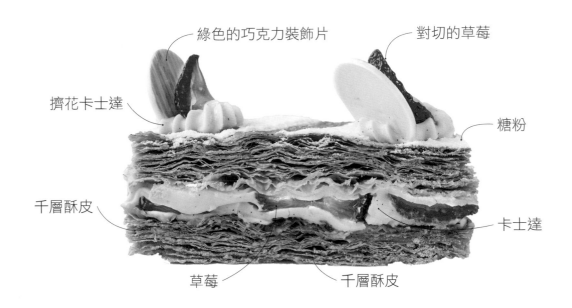

綠色的巧克力裝飾片

對切的草莓

擠花卡士達

糖粉

千層酥皮

卡士達

草莓

千層酥皮

材料 *Ingredients*

【千層麵團材料】

高筋麵粉	300g
低筋麵粉	200g
無鹽奶油	60g
礦泉水	250g
鹽	10g

【裹入油材料】

片狀無鹽奶油	350g

【卡士達材料】

蛋黃	66g
細砂糖	76g
低筋麵粉	20g
玉米粉	27g
鮮奶	364g
香草莢	1 支
無鹽奶油	29g
打發動物性鮮奶油	150g

【水果材料】

新鮮草莓	10-15 顆

【裝飾材料】

糖粉
卡士達
草莓
綠色的巧克力裝飾片

【使用模具】

30cm*15cm*5cm 慕斯框
一模

主廚的實作筆記 Notes

在法國甜點店裡，千層酥是必備甜點，內餡做成各種口味，如草莓、焦糖、香
草、青蘋果等等。不論口味為何，千層酥皮才是整個甜點的靈魂，酥皮層次需均
勻分明，口感要酥脆薄細，入口要具備奶油香氣與酥皮焦香

1 **混合麵團製作卡士達** 將高筋麵粉、低筋麵粉、水、鹽攪拌成團，加入無鹽奶油拌勻後.冷藏鬆弛約 2 小時。卡士達作法是把蛋黃、細砂糖、低筋麵粉、玉米粉拌勻，鮮奶、香草莢煮熱沖入拌勻收稠後加入無鹽奶油拌勻冷卻，再加入打發的動物性鮮奶油拌勻。

2 **十字包油法** 先把麵團的中間厚度保留，然後四周圍往外擀成一個十字型，再把片狀無鹽奶油塊包進去，然後把旁邊擀開的部分往回摺疊，把它做一個包覆。

3 **做延壓的動作** 延壓動作就是要做折疊。草莓千層酥的折疊總共要摺疊 5 次，這裡先進行第一次三折的動作。

4 **折疊成四折** 把麵皮延壓擀開後，再做第二次四折的動作。

5 再以三折、四折的方式進行　把麵皮延壓擀開後，再做一次三折後再做一次四折。

6 做最後一次三折　最後一次進行三折，所以總共是三、四、三、四、三，一共 5 次。

打洞是為了避免烘烤過程中亂膨脹，然後再去做烤焙。烤焙千層酥總共時間是一個小時，但因會有膨脹問題，所以我們大概烤焙了 30 分鐘時，要在膨脹的千層酥上面鋪上一層烤盤紙，再放兩片烤盤去壓它把它壓扁，壓著烤，出爐時才會比較薄，這是製作千層酥的酥皮的一個技巧。

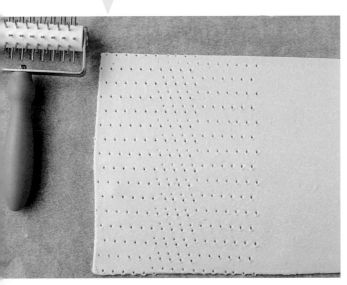

7 烘烤　再次再把它壓開，延到我們要的大小後進行打洞。烤箱預熱以上火 200℃，下火 200℃ 烘烤 20-25 分鐘，將烤盤掉頭後改成上下火 150℃ 烘烤 25-30 分鐘，取出，待涼後切成長 10 公分、寬 4 公分，一共可以切成 10 片。

8 組合裝飾　準備好香草卡士達、切片的草莓。千層酥皮一片擠上薄薄的卡士達，放上草莓之後再在上面擠一點卡士達，再把另一層酥皮疊上去，撒上糖粉。上面的裝飾一樣是卡士達先擠花，再放上放上對切的草莓，然後再放上綠色的巧克力裝飾片即完成。

翻轉蘋果塔

〔 Apple Tarte Tatin 〕

翻轉蘋果塔的外觀有其獨特自然的魅力，焦糖滲入蘋果內，
呈現琥珀般的光澤，很適合一個人慢慢的製作，
底部搭配千層酥皮，焦糖蘋果表面淋上酸奶醬或奶油就很美味。

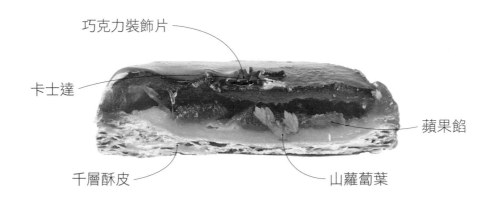

巧克力裝飾片

卡士達

蘋果餡

千層酥皮

山蘿蔔葉

材料 *Ingredients*

【千層麵團材料】

高筋麵粉	300g
低筋麵粉	200g
無鹽奶油	60g
礦泉水	250g
鹽	10g

【裹入油材料】

片狀無鹽奶油	350

【蘋果餡材料】

新鮮蘋果（切丁）	750g
無鹽奶油	45g
細砂糖	90g
檸檬汁	15g

【裝飾材料】

卡士達
山蘿蔔葉，巧克力裝飾片

【使用模具】

直徑 6cm 鐵圈
單顆直徑 6cm*1.5cm 圓形
矽膠模

主廚的實作筆記 Notes

傳說 19 世紀時塔丁（Tatin）姊妹在做蘋果塔時，將塔做反了，所以有了今天的翻轉蘋果塔，想想真有趣，甜點歷史上有好多經典甜點都是因為做錯了才誕生的。

1 **混合麵團** 將高筋麵粉、低筋麵粉、水、鹽攪拌成團,加入無鹽奶油拌勻後.冷藏鬆弛約 2 小時。

2 **十字包油法** 先把麵團的中間厚度保留,然後四周圍往外擀成一個十字型,再把奶油塊包進去,然後把旁邊擀開的部分往回摺疊,把它做一個包覆。

3 **做延壓與折疊的動作** 把麵皮延壓擀開後,做三、四、三、四、三,一共 5 次的摺疊後擀開,用直徑 6cm 鐵圈壓圓。

4 **做蘋果餡** 首先把蘋果切丁,切丁後記得要泡鹽水防止氧化變色,左邊這一鍋是重點,也就是焦糖的部分,也就是把細砂糖煮焦。
作法是將糖倒入乾鍋中加熱,不攪拌、不動鍋,直到出現糖色液化「焦糖化」後,加無鹽奶油做成焦糖醬。讓焦糖的味道更香濃。
煮焦後加入無鹽奶油,把它煮融化後再加入蘋果丁下去熬煮一下,再加入檸檬汁來幫助調味,且要儘量煮到收汁,收到還有一點水分就可以了,整個熬煮的時間,大概需要 20-30 分鐘。

5 **組合** 先把煮好的蘋果餡放到模子裡大概放 9 分滿,上面放上一片切成小圓片的千層酥皮,上面再打洞,也可以先把千層酥皮打洞之後再放上去。
烤箱預熱以上火 200℃,下火 200℃烘烤 20 分鐘,將烤盤掉頭後改成上下火 180℃烘烤 30-35 分鐘,取出。
翻轉蘋果塔的尺寸很多元,有人做四吋,有人做六吋,有人做八吋,甚至有人用整個平底鍋去做,唯一不變的是,作法都是一致的。

蝴蝶酥

〔 Palmier 〕

蝴蝶酥是由千層酥皮多層次的工法製作，
最後沾上砂糖烘烤而成，
是很經典的酥皮類小點心。

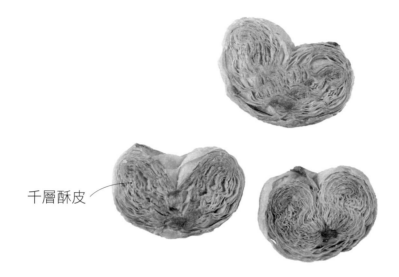

千層酥皮

材料 *Ingredients*

【千層麵團材料】

高筋麵粉	300g
低筋麵粉	200g
無鹽奶油	60g
礦泉水	250g
鹽	10g

【裹入油材料】

片狀無鹽奶油	350g

【裝飾材料】

糖粉

主廚的實作筆記 Notes

蝴蝶酥源自鄂圖曼土耳其帝國，當初的中東點心被帶到了歐洲，十三世紀時一位無名摩爾廚師的食譜裡，記錄了酥皮的製法，當時的名稱是以阿拉伯文 muwarraqa 以及西班牙文 folyatil 命名，名稱都是葉片狀的意思。

1 **混合麵團** 將高筋麵粉、低筋麵粉、水、鹽攪拌成團，加入無鹽奶油拌勻後.冷藏鬆弛約 2 小時。

2 **十字包油法** 先把麵團的中間厚度保留，然後四周圍往外擀成一個十字型，再把奶油塊包進去，然後把旁邊擀開的部分往回摺疊，把它做一個包覆。麵皮延壓擀開後，做三、四、三、四、三，一共 5 次的摺疊，再次再把它壓開，壓到我們要的大小後進行製作。

3 **把酥皮去裁成一片** 把酥皮裁成長 25cm*寬 16cm 厚度 1.5mm 三片，然後從兩邊對準中心線，平均的折過去。

4 **層次分明** 透過重複折疊、延壓、擀開的動作，從側面可以看到層次分明。

5 **裁成所需的大小** 把蝴蝶酥平均切成寬 2-3 公分，切完後就可以看到雛形，從切面可以看到有 4 個層次。烤箱預熱以上火 180℃，下火 180℃烘烤 20 分鐘，取出。

6 **裝飾** 蝴蝶酥是比較基本的點心，所以她沒有過多的裝飾，就只是在上面撒上一點糖粉。
烤焙後的蝴蝶酥像扁掉的愛心形狀，烤焙完後它會膨脹，像一個心形，它的層次也會在中間去展開。

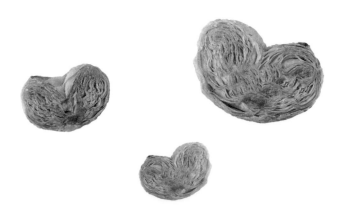

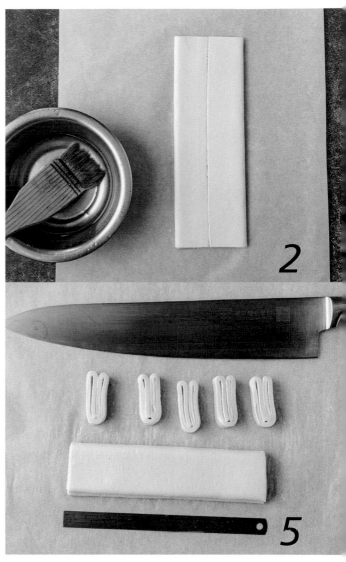

藍莓派

〔 Blueberry Pie 〕

在電影「我的藍莓夜」中，電影劇情以一個賣不出去的藍莓派，
連結起男女主角的一段戀情，可見甜點扮演著傳遞幸福的重要的角色，
電影中藍莓派的吃法很美式經典，
切片藍莓派搭配著香草冰淇淋吃，感覺就是老派道地的好吃。

剖面 *profile*

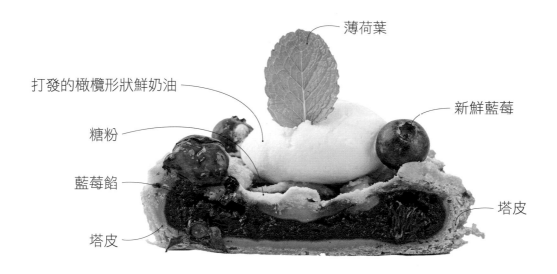

薄荷葉

打發的橄欖形狀鮮奶油

新鮮藍莓

糖粉

藍莓餡

塔皮

塔皮

材料 *Ingredients*

塔皮材料

無鹽奶油	240g
糖粉	30g
鹽	4g
法國粉 T55	280g
泡打粉	4g
礦泉水	120g

【藍莓餡材料】〈200／個〉

新鮮藍莓	200g
冷凍藍莓	200g
玉米粉	20g
三溫糖	65g
無鹽奶油	30g
檸檬汁	15g

【30度波美糖漿材料】

礦泉水	100g
細砂糖	135g

【裝飾材料】

長 24.5cm*寬 10cm*高
2.5cm 長形塔模

共 2 個

【裝飾】

糖粉
打發的橄欖形狀鮮奶油
新鮮藍莓
薄荷葉

主廚的實作筆記 Notes

法國有藍莓塔、美國有藍莓派，兩者相同使用藍莓食材，但做法差異很大，法式以新鮮藍莓搭配香草卡士達為主軸，美式風格則將藍莓製作成藍莓果醬放入派裡去烘烤呈現。

1 **製作派皮** 將無鹽奶油、糖粉、鹽一起放入攪拌盆中拌勻，篩入法國粉 T55、泡打粉後拌勻，再分次加入礦泉水拌勻後，放入冰箱冷藏鬆弛約 2 小時。

2 **製作藍莓餡** 把新鮮藍莓、冷凍藍莓、玉米粉、三溫糖拌勻，再加入融化 的無鹽奶油、檸檬汁一起拌勻。藍莓餡料基本上只要拌勻就好，因為之後 要經過烤焙的工序，所以餡料不用煮過，比較需要注意就是奶油的部分要 融化成液態之後再加進去。

3 **入模烤焙** 把做好的派皮放入長形塔模裡，如果家裡有現成的圓形模或方 形模也可以拿來使用。首先就是先捏派皮在模子上，倒入藍莓餡後，用剩 下的塔皮編織成網狀覆蓋到上面，覆蓋完之後再把多餘的邊剪掉，之後在 表面刷上蛋液，讓上色更漂亮。進行烘烤前要把烤箱預熱，以上火 180℃，下火 180℃烘烤 35-40 分鐘，即可取出，刷上礦泉水與細砂糖煮 滾冷卻後的 30 度波美糖漿。

4 **裝飾** 裝飾材料包括糖粉、打發的橄欖形狀鮮奶油、新鮮藍莓、薄荷葉可 以隨自己的喜好去做裝飾點綴。
如果要現吃的話，打發的橄欖形狀鮮奶油可以用冰淇淋去替代。

草莓桂花巧克力

〔 Strawberry Candy and Sweet Osmanthus Honey Chocolate 〕

IBA 世界甜點大賽題目要求需製作 3 款不同的手製巧克力，
巧克力類別的製作與品評也是各大國際甜點賽事，
必定會考驗的項目之一，其評分重點在於口味搭配、外觀、以及主題性。

剖面 *profile*

黃色巧克力片 —————

————— 桂花蜂蜜甘納許

————— 草莓軟糖

材料 *Ingredients*

【草莓軟糖】		【桂花蜂蜜甘那許】		【裝飾材料】
草莓果泥	75g	動物性鮮奶油	60g	黃色巧克力片
果膠粉	5g	桂花蜂蜜	25g	
轉化糖漿	17g	黑巧克力 75%	95g	【使用模具】
細砂糖	80g	威士忌	3g	長 11cm*寬 11cm*高 5cm
白蘭地	2g	無鹽奶油	5g	方形慕斯框
調溫黑巧克力	300g			

手製巧克力：

手製巧克力是甜點的專業分類之一，在法國也有專業專精的巧克力師及巧克力專賣店，國家也會頒發最佳工藝師榮譽給巧克力類別的大師（Meilleur Ouvrier de France）。

對巧克力的熱愛來自剛學習巧克力製作時，將巧克力以模具製作或披覆及球殼的手法製作成型，巧克力製作歷史悠久，製造方法都是傳統技藝，是不能任性亂做的，現今的巧克力外灌大致相差不遠，但整體口味呈現就得看各家所長了。近年世界巧克力品評大賽的受到觀注，台灣也有許多巧克力師積極參賽，並獲得很好的成績，相信台灣未來的巧克力，更能在國際上發光發熱。

1 **準備好所有食材進行製作** 把製作草莓桂花巧克力的所有材料準備好。有兩個部分，圖左是製作草莓軟糖的材料，包括草莓果泥、果膠粉、細砂糖轉化糖漿、白蘭地，要先把草莓果泥、轉化糖漿、白蘭地煮滾，果膠粉及細砂糖拌勻後加入，再攪拌均勻做成草莓軟糖，倒入長 11cm*寬 11cm*高 5cm 的方形慕斯框裡面。

圖右是桂花蜂蜜甘納許，包括巧克力、威士忌、無鹽奶油、鮮奶油還有動物性鮮奶油，作法是把動物性鮮奶油、桂花蜂蜜、威士忌煮熱，加入黑巧克力拌勻，再加入無鹽奶油拌勻，再倒入慕斯框裡面做結合，他們的厚度是 1 比 1，完成後放入冰箱冰硬。

2 **切成方形** 將冰硬的桂花蜂蜜甘納許，切長 2.5cm、寬 2.5cm 的方塊。表面是甘納許。底下是草莓軟糖。我們就是把它切成方塊狀再去做披覆。

另外將黑巧克力進行調溫，先去微波直到巧克力融化，巧克力的融化溫度大概是 45-50℃要記得不要超過超過 50℃，否則裡面的結晶分子容易產生變化。

切巧克力時避免碎裂，可以先把切刀用瓦斯噴火槍燒熱一下再進行，就可以切出完美塊狀。

3 **進行披覆** 將冰硬的桂花蜂蜜甘納許以調溫過後的黑巧克力，一一進行披覆。

4 **裝飾** 在披覆過的桂花蜂蜜甘納許上，擠上少許的調溫過後的黑巧克力，放上簡單的黃色巧克力片做為裝飾即完成。

以台灣的桂花蜜為主軸發想出的口味，搭配有草莓果泥入味的巧克力，會選用桂花蜜，原因是想找出台灣在地才有的花釀食材，想讓評審嘗試到沒有品嘗過的味道。

1 2
3 4

榛果茴香鳳梨巧克力

〔 Hazelnut and Pineapple with Anise Chocolate 〕

IBA 世界甜點大賽題目要求需製作三款不同的手製巧克力，
巧克力類別的製作與品評也是各大國際甜點賽事，
必定會考驗的項目之一，其評分重點在於口味搭配、外觀、以及主題性。

剖面 *profile*

茴香鳳梨果醬 ⟋ ⟍ 榛果甘納許巧克力

材料 *Ingredients*

【榛果甘那許材料】

無鹽奶油	25g
無糖榛果醬	25g
黑巧克力 75%	25g
牛奶巧克力 36%	25g
可可脂	7.5g
動物性鮮奶油	12.5g
榛果碎	12.5g

【茴香鳳梨果醬材料】

鳳梨果泥	50g
新鮮鳳梨	50g
礦泉水	12.5g
細砂糖	50g
茴香	1.5g
果膠粉	2.5g
黑巧克力	300g

【紅色可可脂】

【裝飾材料】

巧克力圓形花模 24 個 單顆 29*19mm 內餡單顆重 10g

主廚的實作筆記 Notes

茴香是用大茴香也是俗稱的八角，運用在熬煮鳳梨果醬內餡時提味，少量使用即可為整體帶來不同風味，因德國製作甜點餅乾時使用各種香料蠻普遍的，想用八角帶給評審們，熟悉又不那麼熟悉的味道。

1 **黑巧克力調溫**　首先我們先去微波直到巧克力融化，巧克力的融化溫度是 45-50℃要記得不要超過 50℃，否則裡面的結晶分子容易產生變化。

2 **把內餡材料準備好**　左邊是榛果甘納許的材料，包括榛果醬、鮮奶油、奶油、黑巧克力、牛奶巧克力跟可可脂，以及榛果碎。右邊是茴香鳳梨果醬的材料，包括鳳梨果泥、新鮮鳳梨、礦泉水、細砂糖、茴香以及果膠粉。

榛果甘那許的製作方式，是把動物性鮮奶油、無糖榛果醬煮熱，加入黑巧克力、牛奶巧克力、可可脂拌勻，再加入無鹽奶油、榛果碎拌勻。

茴香鳳梨果醬的作法是把鳳梨果泥、新鮮鳳梨、水、茴香煮滾，把果膠粉、細砂糖拌勻後加入，冷卻，把做好的甘納許、果醬放入擠花袋裡。

3 **入模**　在巧克力灌入模子之前，會先用噴槍把紅色可可脂噴到模子上，倒入調溫巧克力做出一個殼，等殼做完後再去灌餡。順序是先灌鳳梨果醬，再灌榛果甘納許，這是因為鳳梨果醬的流動性比較強，甘納許因為有巧克力的部分它會凝固，所以我們流動性比較強的灌在上面，下面的凝固力就用甘納許，不會讓內餡亂流。

4 **封底**　餡灌完之後，要把巧克力的底封好後，才進行敲模。

口味上用了兩個，一個是一般大眾都可以接受，比較安全的榛果甘納許；鳳梨的是一個比較衝突的味道，裡面要加茴香是因為它的香味很特別，在比賽的時候，就是想讓裁判吃到這味道時，能夠留下深刻的印象外，又會覺得味道調得很不錯，是參加比賽時，製造味覺衝擊的小技巧。

1　2

3　4

杏仁糖奶酒巧克力

〔 Baileys and Nougat Chocolate 〕

IBA 世界甜點大賽題目要求需製作 3 款不同的手製巧克力，
巧克力類別的製作與品評也是各大國際甜點賽事，
必定考驗的項目之一，其評分重點在於口味搭配、外觀、以及主題性。

剖面 *profile*

橘色緞帶巧克力

銀色小珠

杏仁果仁糖

貝禮斯奶酒甘那許

材料 *Ingredients*

【貝禮斯奶酒甘那許材料】
〈90g／1層〉

牛奶巧克力 36%	60g
黑巧克力 75%	115g
動物性鮮奶油	110g
轉化糖漿	15g
麥芽糖	15g
無鹽奶油	25g
貝禮斯奶酒	20g

【杏仁果仁糖材料】

礦泉水	5g
細砂糖	40g
杏仁粒	37.5g
芝麻	2.5g
檸檬皮	3g
鹽之花	0.5g
調溫黑巧克力	300g

【裝飾材料】

長 11cm*寬 11cm*高 5cm
方形慕斯框

【裝飾】

橘色緞帶巧克力
銀色小珠
銀粉

主廚的實作筆記 Notes

堅果類的糖果在德國算是庶民點心了，這款巧克力我想呈現出能讓評審熟悉及認同的味道，口味構成由奶酒巧克力甘納許搭配杏仁、芝麻脆糖，讓熟悉的味道更升級。

製作步驟 *Directions*

1 **黑巧克力調溫** 　首先我們先去微波直到巧克力融化，巧克力的融化溫度是 45-50℃要記得不要超過 50℃，否則裡面的結晶分子容易產生變化。

2 **把內餡材料準備好** 　內餡有兩個部分，左邊是貝里斯奶酒的甘納許，作法是把動物性鮮奶油、轉化糖漿、麥芽糖、貝禮斯奶酒煮熱，加入黑巧克力、牛奶巧克力拌勻，再加入無鹽奶油拌勻。

右邊是杏仁的果仁糖的脆糖。作法是就是礦泉水、細砂糖、鹽之花放到銅鍋，要煮到稍微咖啡色有點焦糖的感覺，倒入黑芝麻、檸檬皮、杏仁粒拌勻，拌勻後趁熱把它放到矽膠墊擀開、冷卻後就變成脆糖，再進行裁切成所需大小。

做完之後放到方框做組合，冰硬之後再裁切。

3 **切成長方形後進行披覆** 　將冰硬的杏仁糖奶酒巧克力，切成長 4cm、寬1.5cm的長方形。以調溫過後的黑巧克力，一一進行披覆。

切巧克力時避免碎裂，可以先把切刀用瓦斯噴火槍燒熱一下再進行，就可以切出完美塊狀。

4 **組合裝飾** 　把橘色緞帶巧克力、銀色小珠用黑巧克力固定，用小刷筆刷上銀粉即完成。

做這款巧克力的味道，就是有點強迫取分，因為巧克力三款中，有兩款披覆，一款敲膜，前面那一款披覆做軟糖，這一款披覆我們就做了脆糖，一個軟一個脆，這樣子去搭配，就會讓評審覺得說在口味的口感重複性較低，分數就會比較高，這裡就是去做一個比較酸的檸檬味去配偏甜的奶酒味，所以接受度也相對較高。

1 2

3 4

紅酒咖啡巧克力

〔 Red wine and Coffee Chocolate 〕

紅酒與咖啡看似突兀的組合，卻創造出段落分明的味道，
前段咖啡的苦韻，帶出中段的巧克力果實香氣，
尾韻留下紅酒的葡萄微酸。

剖面 *profile*

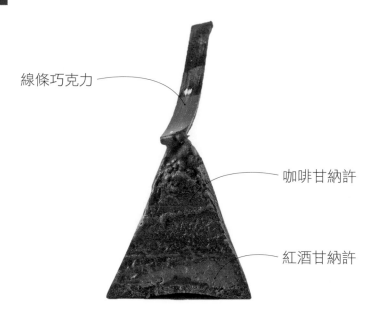

線條巧克力

咖啡甘納許

紅酒甘納許

材料 *Ingredients*

【紅酒甘納許材料】

葡萄糖漿	4g
動物性鮮奶油	45g
紅酒	15g
牛奶巧克力 36%	65g
無糖法芙娜巧克力	35g
無鹽奶油	5g

【咖啡甘納許材料】

動物性鮮奶油	30g
葡萄糖漿	7.5g
咖啡粉	1.5g
卡魯哇咖啡酒	7.5g
牛奶巧克力 36%	82.5g
可可脂	7.5g
無鹽奶油	7.5g
調溫黑巧克力	300g

【裝飾材料】

巧克力胭脂條模 32 個 單顆 48*18*20mm 單顆重 13g

【裝飾】

線條巧克力

主廚的實作筆記 Notes

精選參與國際賽事競賽的獲獎巧克力口味，參與賽事有 UIBC 世界盃青年西點大賽，國際技能競賽西點職類。紅酒咖啡這個味道的概念來自於開平學生比國際賽時的精選口味，主要搭配就是紅酒的香氣跟酸度去跟咖啡做搭配協調。

1 **黑巧克力調溫** 首先我們先去微波直到巧克力融化，巧克力的融化溫度是 45-50℃要記得不要超過 50℃，否則裡面的結晶分子容易產生變化。

2 **把內餡材料準備好** 內餡有兩個部分，左邊是銅鍋裡有點粉淡淡粉紅色，就是有鮮奶油、葡萄糖漿、紅酒，以及牛奶巧克力、無糖的巧克力跟無鹽奶油。作法就是把銅鍋裡面的材料加熱煮沸後，再跟巧克力乳化拌勻，做成紅酒甘納許。右邊是把動物性鮮奶油、葡萄糖漿、咖啡粉、卡魯哇咖啡酒煮熱，加入牛奶巧克力、可可脂做乳化，再加入無鹽奶油一起拌勻做成咖啡甘納許，分別把兩種餡料放入擠花袋中。

3 **入模** 在灌入模子之前，會先用噴槍把紅色可可脂噴到模子上。雙餡的擠法就是先擠上紅酒甘納許，等它凝固再擠上咖啡甘納許。

4 **封底** 餡灌完之後，要把巧克力的底封好，才進行敲模。
組合裝飾 把紅酒咖啡巧克力從模具中敲出來，用條狀巧克力去做裝飾即完成。

1

2 3

4 4

芒果綠胡椒巧克力

〔 Mango and Green Pepper Chocolate 〕

綠胡椒經低溫烘烤後,會散發迷人花香氣息,
與芒果共同製成果醬,綠胡椒的微辛辣更能帶出芒果的香甜,
風味特殊迷人的一款巧克力作品。

剖面 *profile*

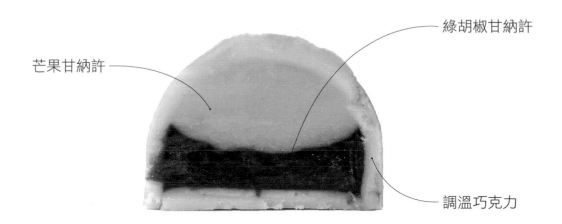

芒果甘納許

綠胡椒甘納許

調溫巧克力

材料 *Ingredients*

【芒果甘納許材料】	
動物性鮮奶油	62.5g
芒果果泥	10g
無鹽奶油	10g
白巧克力 29%	100g

【綠胡椒甘納許材料】	
黑巧克力 75%	35g
牛奶巧克力 36%	35g
動物性鮮奶油	75g
轉化糖漿	10g
綠胡椒粉	1g
鹽之花	1g
調溫白巧克力	300g

【裝飾材料】	
巧克力圓模	32 個
單顆 48*18*20mm	單顆重 13g

1 **巧克力調溫**　首先我們先去微波直到白巧克力融化，巧克力的融化溫度是 45-48℃要記得不要超過 50℃，否則裡面的結晶分子容易產生變化。

2 **把內餡材料準備好**　內餡有兩個部分，左邊是芒果甘納許，材料有動物性鮮奶油、芒果果泥、白巧克力、無鹽奶油。作法是把動物性鮮奶油、芒果果泥煮熱
後加入白巧克力拌勻，再加入無鹽奶油拌勻即完成。
芒果果泥的芒果味本身就明顯的所以直接這樣子去做一個主味。
右邊是綠胡椒甘納許，是把鮮奶油、轉化糖漿、胡椒粉、鹽之花加熱，把他的味道散發出來，再加入 64%黑巧克力、40%牛奶巧克力拌勻即完成。分別把兩種餡料放入擠花袋中。
綠胡椒一般是與肉類料理去搭配，用在烘焙上則很適合跟巧克力搭在一起，因為綠胡椒沒有那麼辛辣，且果實花香味比較明顯，用量不多的話，能夠帶出整體香氣。

3 **入模**　在灌入模子之前，先用噴槍把綠色的可可脂噴到模子上，再把黃色的可可脂噴到模子上，倒入調溫白巧克力做出一個殼，等殼做完後再去灌餡。雙餡的擠法就是先擠上芒果甘納許，等它凝固之後，再擠上綠胡椒甘納許。

4 **封底**　餡灌完之後，用白巧克力封底，才進行敲模。
綠胡椒經低溫烘烤後，會散發迷人花香氣息，與芒果共同製成果醬，綠胡椒的微辛辣更能帶出芒果的香甜，風味特殊迷人的一款巧克力作品。

1 2

3 4

荔枝覆盆子巧克力

〔 Lychee and Raspberry Chocolate 〕

荔枝與覆盆子的組合，經典且雋永，
使用荔枝利口酒搭配新鮮覆盆子製作巧克力甘納許，
荔枝的香氣與覆盆子果實香味，讓巧克力整體風味細膩悠長。

彈簧巧克力裝飾片

金粉

荔枝甘納許

調溫巧克力

覆盆子軟糖

材料 *Ingredients*

【荔枝甘納許材料】

〈90g／層〉

荔枝果泥	25g
動物性鮮奶油	15g
白巧克力 29%	180g
無鹽奶油	15g
荔枝香甜酒	5g

【覆盆子軟糖材料】

〈90g／層〉

覆盆子果泥	83g
果膠粉	5g
葡萄糖漿	18.5g
細砂糖	91.5g
覆盆子白蘭地	1.5g
調溫牛奶巧克力	300g

【裝飾材料】

長 11cm*寬 11cm*高 5cm
方形慕斯框

【裝飾】

巧克力裝飾片彈簧造型
流星金粉

1 **牛奶巧克力調溫** 首先我們先去微波直到巧克力融化，巧克力的融化溫度是 45-50℃我要記得不要超過 50℃，否則裡面的結晶分子容易產生變化。

2 **把內餡材料準備好** 內餡有兩個部分，一個是荔枝甘納許，一個是覆盆子軟糖。左邊就是荔枝甘納許，作法是把動物性鮮奶油、荔枝果泥、荔枝香甜酒煮熱，加入白巧克力拌勻後加入無鹽奶油拌勻。
覆盆子軟糖的作法是把覆盆子果泥、葡萄糖漿、白蘭地煮滾，把拌勻的果膠粉、細砂糖加入，煮到 120℃。這兩個煮完之後，一樣是放到方框內，順序是先倒軟糖，等軟糖表皮凝固後再倒甘納許，那他們的厚度是 1 比 1，假設總高是 2 公分，那就是軟糖 1 公分、甘納許 1 公分，冰硬之後再裁切。

3 **切成長方形後進行披覆** 將冰硬的荔枝覆盆子巧克力，切成長 4cm、寬 1.5cm的長方形。以調溫過後的黑巧克力，一一進行披覆。
切巧克力時避免碎裂，可以先把切刀用瓦斯火噴槍燒熱一下再進行，就可以切出完美塊狀。

4 **組合裝飾** 在荔枝覆盆子巧克力上放彈簧巧克力裝飾片，用巧克力固定，再噴上一點點的流星金粉即完成。

1 2

3 4

焦糖花生巧克力

〔 Caramel and Peanut Chocolate 〕

焦糖與花生絕配的組合，製作香草焦糖醬與海鹽炒香的花生，
搭配苦甜與牛奶巧克力，香醇濃郁的口感，
讓絕妙的組合成為經典。

剖面 *profile*

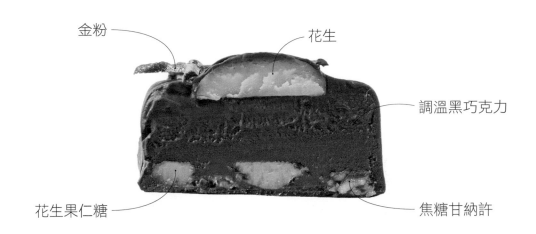

金粉

花生

調溫黑巧克力

花生果仁糖

焦糖甘納許

材料 *Ingredients*

【焦糖醬材料】	
動物性鮮奶油	75g
細砂糖	62.5g

【焦糖甘納許材料】〈90g／層〉	
牛奶巧克力 36%	81.5g
無糖法芙娜巧克力	81.5g
焦糖醬	80g

【花生果仁糖材料】	
礦泉水	7g
細砂糖	40g
花生	37g
黑芝麻	2.5g
檸檬皮	3g
鹽之花	1g
調溫黑巧克力	300g
烤焙花生	20g

【裝飾材料】
長 11cm*寬 11cm*高 5cm 方形慕斯框

【裝飾】
巧克力圈圈
金粉

1 **巧克力調溫** 首先我們先去微波直到巧克力融化，巧克力的融化溫度是45-50℃要記得不要超過 50℃，否則裡面的結晶分子容易產生變化。

2 **把餡料材料準備好** 圖右邊是焦糖醬的材料，銅鍋裡面有砂糖，作法是把砂糖煮焦，加入動物性鮮奶油拌勻後收稠。在焦糖醬裡加入無糖巧克力、牛奶巧克力混合拌勻，做成焦糖甘納許。
左邊是花生的果仁糖的脆糖。作法是就是礦泉水、細砂糖、鹽之花放到銅鍋，要煮到稍微咖啡色有點焦糖的感覺，倒入黑芝麻、檸檬皮、花生粒拌勻，拌勻後趁熱把它放到矽膠墊擀開、冷卻後就變成脆糖，再進行裁切成所需大小。
這兩個餡的做法做完之後放到方框做組合，冰硬之後再裁切。

3 **切成長方形後進行披覆** 將冰硬的焦糖花生巧克力，切成長 2.5cm、寬2.5cm 的長方形，表面先放上烤焙後的花生固定黏好。以調溫過後的黑巧克力，一一進行披覆。
切巧克力時避免碎裂，可以先把切刀用瓦斯噴火槍燒熱一下再進行，就可以切出完美塊狀。

4 **組合裝飾** 在焦糖花生巧克力上，放裝飾巧克力圈圈，刷上金粉即完成。
焦糖花生巧克力是國際賽事學生比賽得獎作品中選出來的一個口味搭配。

1 2
3 4

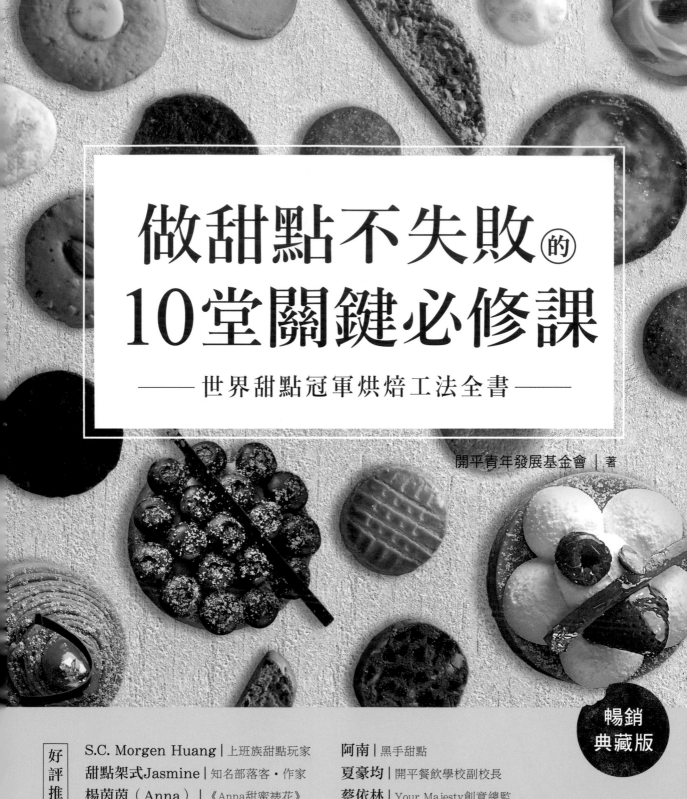

做甜點不失敗_的10堂關鍵必修課

—— 世界甜點冠軍烘焙工法全書 ——

開平青年發展基金會 ｜ 著

暢銷
典藏版

新手必看 一次搞懂做甜點的基礎知識，哪怕是第一次做，也能挑戰米其林經典甜點！

達人必學 黃金比例配方無藏私大公開，跟著做，就能端出世界一級棒的吮指美味！

享受做甜點帶來的
幸 | 福 | 好 | 時 | 光

做甜點其實沒那麼難，只要從「微小的關鍵細節」開始掌握，你也能第一次做就成功。

金牌主廚不止教你怎麼做，同時也告訴你為什麼，從最基礎的知識開始解構 ——

【製作過程不失敗】＋【掌握美味訣竅零失誤】＋【解決問題最可靠有效】

讓你在家就能完美複製出冠軍甜點的吮指美味！

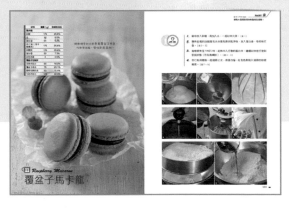

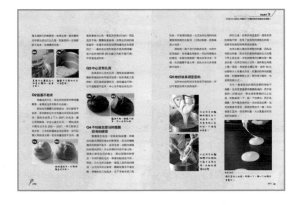

台灣廣廈 國際出版集團
Taiwan Mansion International Group

國家圖書館出版品預行編目（CIP）資料

質感甜點層層解構【立體剖面全圖解】：世界冠軍教你50款人
氣甜點，從初階到進階分層拆解製程、配方與美味的關鍵技巧 /
彭浩, 開平青年發展基金會著.
-- 新北市：臺灣廣廈有聲圖書有限公司, 2021.10
　面；　公分.
ISBN 978-986-130-504-2(平裝)
1. 食譜 2. 甜點

427.16　　　　　　　　　　　　　　　　　110012091

質感甜點層層解構【立體剖面全圖解】
世界冠軍教你50款人氣甜點，從初階到進階分層拆解製程、配方與美味的關鍵技巧

作　　　者／彭浩 　　　　　開平青年發展基金會	編輯中心編輯長／張秀環 封面設計／林珈仔・**內頁排版**／菩薩蠻數位文化有限公司 製版・印刷・裝訂／東豪・弼聖・秉成
行企研發中心總監／陳冠蒨	媒體公關組／陳柔彣 綜合業務組／何欣穎

發　行　人／江媛珍
法 律 顧 問／第一國際法律事務所 余淑杏律師・北辰著作權事務所 蕭雄淋律師
出　　　版／台灣廣廈
發　　　行／台灣廣廈有聲圖書有限公司
　　　　　　地址：新北市235中和區中山路二段359巷7號2樓
　　　　　　電話：（886）2-2225-5777・傳真：（886）2-2225-8052

代理印務・全球總經銷／知遠文化事業有限公司
　　　　　　地址：新北市222深坑區北深路三段155巷25號5樓
　　　　　　電話：（886）2-2664-8800・傳真：（886）2-2664-8801
郵 政 劃 撥／劃撥帳號：18836722
　　　　　　劃撥戶名：知遠文化事業有限公司（※單次購書金額未達1000元，請另付70元郵資。）

■ 出版日期：2021年10月
ISBN：978-986-130-504-2